Konstruktionsbücher
Herausgeber Professor Dr.-Ing. E.-A. Cornelius, Berlin
4

Gestaltung von Wälzlagerungen

Von

Wilhelm Jürgensmeyer
Schweinfurt

Mit 134 Abbildungen

Springer-Verlag Berlin Heidelberg GmbH
1939

Inhaltsverzeichnis.

Ursprünglich erschienen bei Julius Springer in Berlin 1939

ISBN 978-3-662-30661-1 ISBN 978-3-662-30732-8 (eBook)
DOI 10.1007/978-3-662-30732-8

Benennung der Wälzlager.

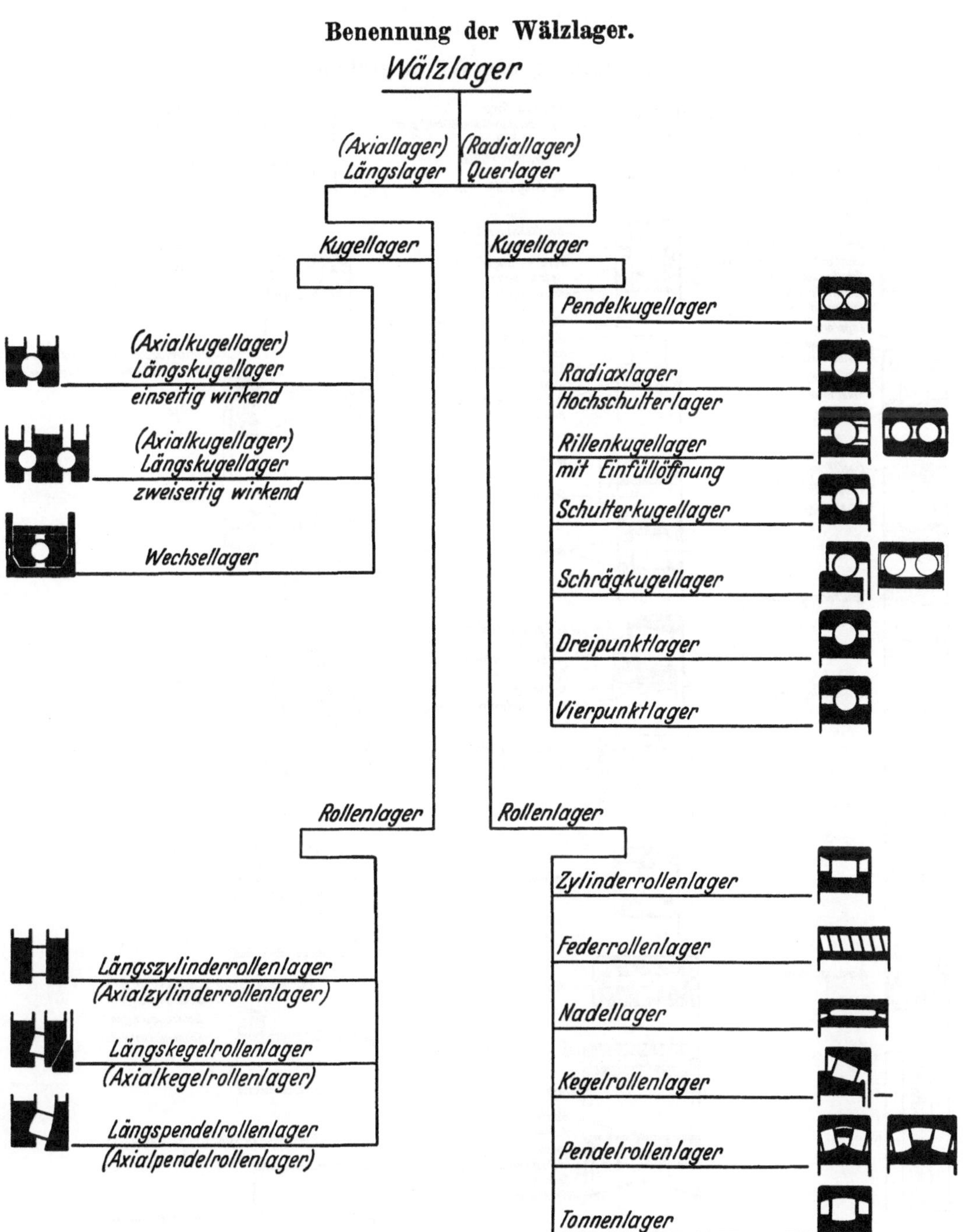

Benennung der Wälzlagerteile.

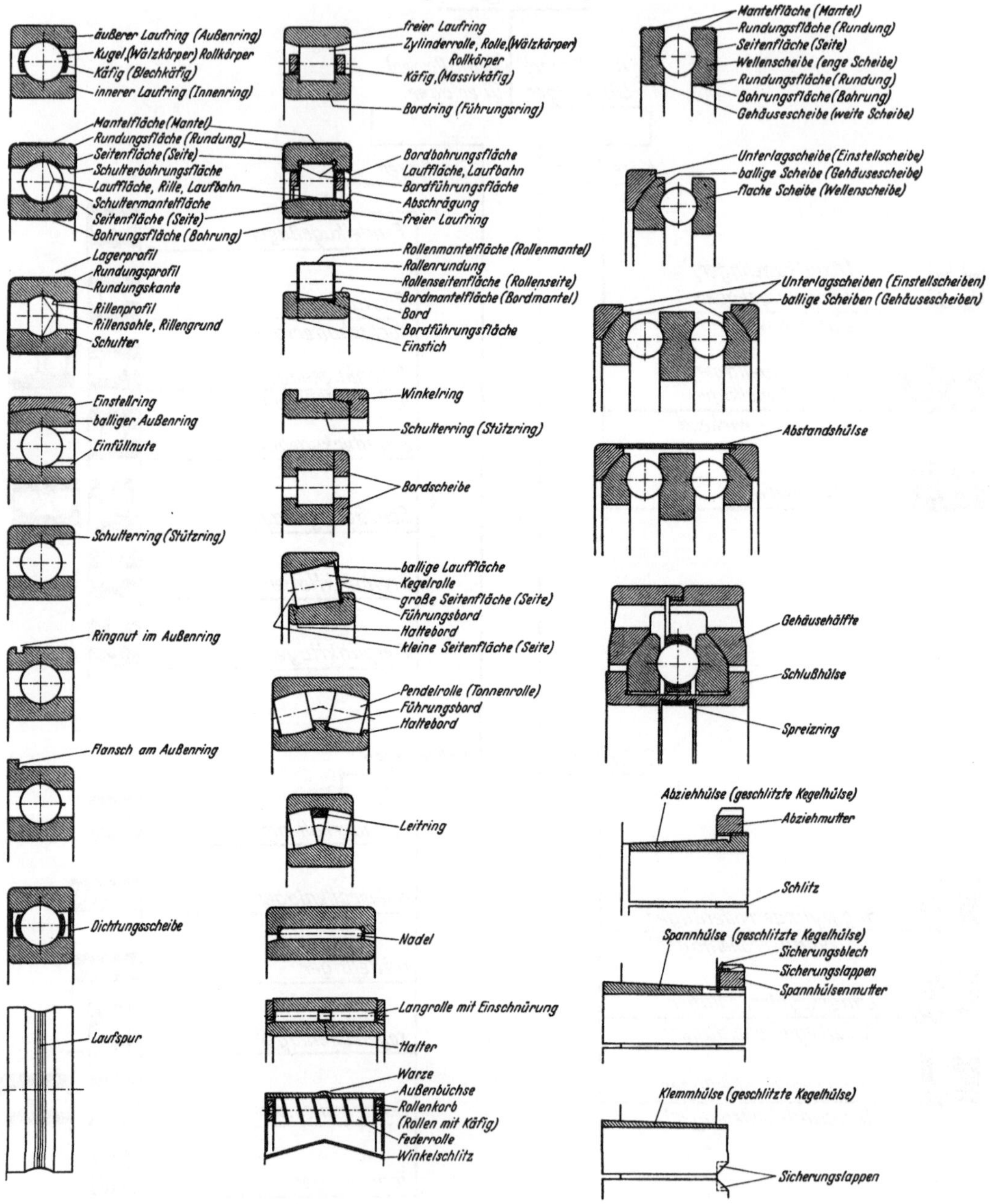

äußerer Laufring (Außenring)
Kugel (Wälzkörper) Rollkörper
Käfig (Blechkäfig)
innerer Laufring (Innenring)

Mantelfläche (Mantel)
Rundungsfläche (Rundung)
Seitenfläche (Seite)
Schulterbohrungsfläche
Lauffläche, Rille, Laufbahn
Schultermantelfläche
Seitenfläche (Seite)
Bohrungsfläche (Bohrung)

Lagerprofil
Rundungsprofil
Rundungskante
Rillenprofil
Rillensohle, Rillengrund
Schulter

Einstellring
balliger Außenring
Einfüllnute

Schulterring (Stützring)

Ringnut im Außenring

Flansch am Außenring

Dichtungsscheibe

Laufspur

freier Laufring
Zylinderrolle, Rolle, (Wälzkörper) Rollkörper
Käfig, (Massivkäfig)
Bordring (Führungsring)

Bordbohrungsfläche
Lauffläche, Laufbahn
Bordführungsfläche
Abschrägung
freier Laufring

Rollenmantelfläche (Rollenmantel)
Rollenrundung
Rollenseitenfläche (Rollenseite)
Bordmantelfläche (Bordmantel)
Bord
Bordführungsfläche
Einstich

Winkelring
Schulterring (Stützring)

Bordscheibe

ballige Lauffläche
Kegelrolle
große Seitenfläche (Seite)
Führungsbord
Haltebord
kleine Seitenfläche (Seite)

Pendelrolle (Tonnenrolle)
Führungsbord
Haltebord

Leitring

Nadel

Langrolle mit Einschnürung
Halter

Warze
Außenbüchse
Rollenkorb
(Rollen mit Käfig)
Federrolle
Winkelschlitz

Mantelfläche (Mantel)
Rundungsfläche (Rundung)
Seitenfläche (Seite)
Wellenscheibe (enge Scheibe)
Rundungsfläche (Rundung)
Bohrungsfläche (Bohrung)
Gehäusescheibe (weite Scheibe)

Unterlagscheibe (Einstellscheibe)
ballige Scheibe (Gehäusescheibe)
flache Scheibe (Wellenscheibe)

Unterlagscheiben (Einstellscheiben)
ballige Scheiben (Gehäusescheiben)

Abstandshülse

Gehäusehälfte
Schlußhülse
Spreizring

Abziehhülse (geschlitzte Kegelhülse)
Abziehmutter
Schlitz

Spannhülse (geschlitzte Kegelhülse)
Sicherungsblech
Sicherungslappen
Spannhülsenmutter

Klemmhülse (geschlitzte Kegelhülse)
Sicherungslappen

1. Beschreibung der neuzeitlichen Lagerarten.

1,1. Bauformen.

1,11. Querkugellager.

1,111. Rillenkugellager ohne Einfüllöffnung (Radiaxlager, Hochschulterlager). Diese Lager werden nur in einreihiger Ausführung hergestellt (Abb. 1). Die Rillen der beiden Laufringe sind verhältnismäßig tief. Die Schmiegung zwischen Kugel und Rille ist sehr innig. Um Nuten an den Laufringen zu vermeiden, werden die Ringe bei der Montage des Lagers exzentrisch zueinander verschoben und so viele Kugeln in den freien Raum eingebracht wie möglich ist (Abb. 2). Dann werden die Kugeln gleichmäßig verteilt, die beiden gleichförmigen Käfighälften von beiden Seiten um die Kugeln gelegt und vernietet. Bei kleinen Lagern werden die beiden Hälften durch umgebogene Lappen gehalten. Für den Autobau werden diese Lager, um Platz zu sparen, auch mit einer Ringnut im Außenring geliefert. Für gewisse Fälle erhalten die Lager auch eine oder zwei Dichtungsscheiben.

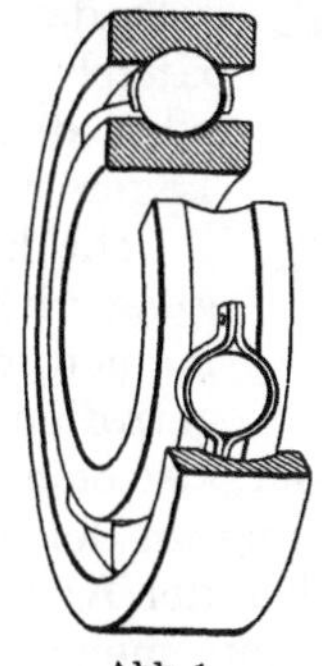
Abb. 1. Radiaxlager (Hochschulterlager).

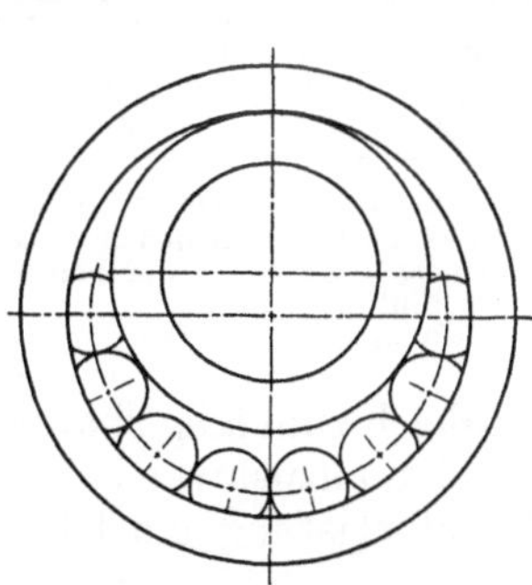
Abb. 2. Einfüllen der Kugeln beim Radiaxlager.

Durch große Kugeln und innige Schmiegung erzielt man eine fast ebenso hohe radiale Tragfähigkeit wie bei Lagern mit Einfüllnuten. Die Anwendung der Rillenkugellager ohne Einfüllöffnung ist aber bedeutend vielseitiger, da sowohl kombinierte Belastung als auch reine und verhältnismäßig hohe Axialdrücke aufgenommen werden können. In den meisten Fällen kann auf die Anordnung besonderer Längslager verzichtet werden.

Bei sehr hohen Axialdrücken verwendet man zwei Lager nebeneinander, die im eingebauten Zustand bei gleicher Last die gleiche Verschiebung der Laufringe ergeben müssen, wenn sie gleichmäßig an der Aufnahme der Belastung teilnehmen sollen. Um diesen Zustand zu erreichen, müssen die Überstände $ü_1$ und $ü_2$ (Abb. 3) möglichst genau gleich sein bei kleinem Axialschlag des Lagers und der Anlageflächen. Außerdem sollten die Bohrungsmaße übereinstimmen, um die Luft nicht unterschiedlich zu beeinflussen. Wenn Zwischenscheiben oder Büchsen verwendet werden, müssen diese ebenso abgestimmt werden. Günstiger ist daher die An-

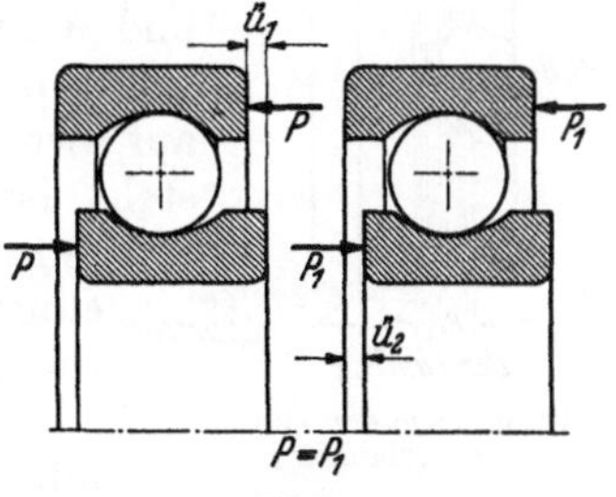

Abb. 3.
2 Radiaxlager für die Aufnahme von Axialdruck nach einer Richtung.

ordnung von Federn, die so bemessen sind, daß jedes Lager gerade die halbe Belastung aufzunehmen hat.

Infolge der Radialluft ist eine geringe Schiefstellung des einen Laufringes gegenüber dem anderen möglich, ohne daß eine nennenswerte Erhöhung des Kugeldruckes eintritt. Die Reibung nimmt aber erheblich zu. Auch die Käfigbeanspruchung wird groß. Es ist daher zweckmäßig, für eine möglichst genaue Gleichachsigkeit zu sorgen.

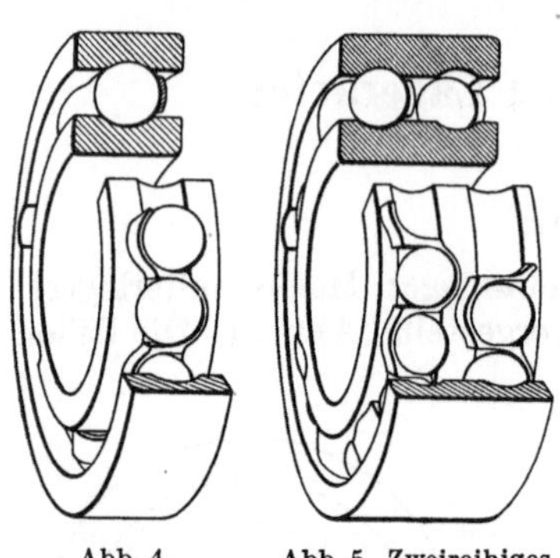

Abb. 4. Einreihiges Rillenkugellager mit Einfüllöffnung.

Abb. 5. Zweireihiges Rillenkugellager mit Einfüllöffnung.

1,112. Rillenkugellager mit Einfüllöffnung. Diese Lagerart wird mit einer Rille oder mit zwei Rillen in jedem Laufring für eine Reihe oder zwei Reihen Kugeln ausgeführt (Abb. 4 u. 5). Zum Einfüllen der Kugeln ist auf einer Seite eines jeden Laufringes eine Nut vorgesehen, die nicht bis auf den Grund der Rille reicht. Es ergibt sich daraus aber die Notwendigkeit, die letzten Kugeln unter einem gewissen Druck einzuführen oder den Außenring beim Zusammenbau des Lagers zu erwärmen.

Die Einfüllnuten ermöglichen die Unterbringung vieler Kugeln. Sie bedingen aber im allgemeinen, wenn nicht ganz besondere Maßnahmen getroffen werden, einen großen Rillenradius im Vergleich zum Kugelhalbmesser, also eine verhältnismäßig ungünstige Schmiegung, um eine allzustarke Schwächung an der Einfüllstelle und wenigstens bei geringer Radialbelastung ein Überrollen der Kanten zu verhindern. Bei Axialdruck liegt die Laufspur mehr oder weniger im Bereich der Einfüllnut (Abb. 6).

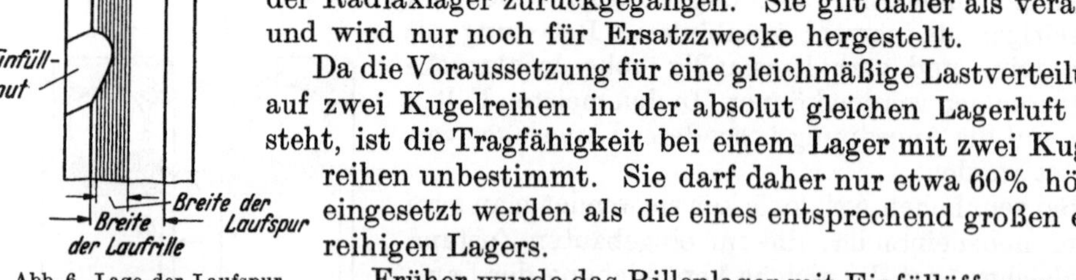

Abb. 6. Lage der Laufspur bei Axialdruck.

Das Rillenlager mit Einfüllöffnung dient deshalb in erster Linie zur Aufnahme radial zur Achse gerichteter Drücke. Infolge des großen Rillenhalbmessers und der geringen Lagerluft ist die Tragfähigkeit in axialer Richtung beschränkt. Es ist daher bei kombinierter Belastung meistens erforderlich, besondere Längslager vorzusehen. Die Anwendung dieser Lagerart ist aus diesen Gründen immer mehr zugunsten der Radiaxlager zurückgegangen. Sie gilt daher als veraltet und wird nur noch für Ersatzzwecke hergestellt.

Da die Voraussetzung für eine gleichmäßige Lastverteilung auf zwei Kugelreihen in der absolut gleichen Lagerluft besteht, ist die Tragfähigkeit bei einem Lager mit zwei Kugelreihen unbestimmt. Sie darf daher nur etwa 60% höher eingesetzt werden als die eines entsprechend großen einreihigen Lagers.

Früher wurde das Rillenlager mit Einfüllöffnung auch mit balligem Außenring und Einstellring ausgeführt. Diese Konstruktion ist jedoch allmählich durch das wesentlich günstigere Pendelkugellager verdrängt worden.

1,113. Pendelkugellager. Auch die schmale Ausführung dieser Lagerart besitzt zwei Reihen Kugeln (Abb. 7). Die Hauptmaße sind dieselben wie bei den einreihigen und zweireihigen Rillenkugellagern. Nur die Lager über 110 mm Bohrung der leichten Reihe und über 95 mm der mittleren Reihe haben eine etwas größere Breite. Die Pendellager werden in fast allen Größen auch mit kegeliger Bohrung versehen und können dann mit geschlitzten Kegelhülsen befestigt werden (Abb. 8). Für landwirtschaftliche Maschinen benutzt man entweder Lager mit einer dünnen, geschlitzten Hülse (Abb. 9) oder Lager mit einem besonders breiten, hülsenartigen Innenring (Abb. 10).

Die radiale Tragfähigkeit dieser Lagerart ist trotz der ungünstigen Schmiegung am Außenring ungefähr ebenso hoch wie die der gleich großen Rillenlager. Die Tragfähigkeit in axialer Richtung ist abhängig von dem Druckwinkel. Sie ist also bei den Lagern der breiten Reihen größer als bei denen der schmalen Reihen.

Infolge der hohlkugeligen Ausbildung der Laufbahn des Außenringes kann der Innenring mit Kugeln um den Lagermittelpunkt innerhalb gewisser Grenzen geschwenkt werden, wenn er sich gleichzeitig dreht. Es ist dann die seitliche Bewegung der Kugeln gegenüber der Bewegung in Umfangsrichtung so gering, daß das Schwenken fast ohne zusätzliche Reibung stattfindet. Erfolgt das Aus- oder Einschwenken aber bei stillstehenden Laufringen, dann entsteht eine sehr hohe Reibung, weil die Bewegung als reines Gleiten vor sich gehen muß, wobei die Kugeln sperren. Die Reibung wird auch dann ungünstig beeinflußt, wenn bei geringer Drehzahl des Innenringes eine im Verhältnis zur Drehgeschwindigkeit schnelle Schwenkbewegung dauernd vorkommt; eine kleine, langsame Schwenkbewegung ruft keine störende Wirkung hervor. Bei umlaufendem Außenring kann das Pendelkugellager nur bei ganz kleinem Schwenkwinkel — dann allerdings mit Vorteil — verwendet werden.

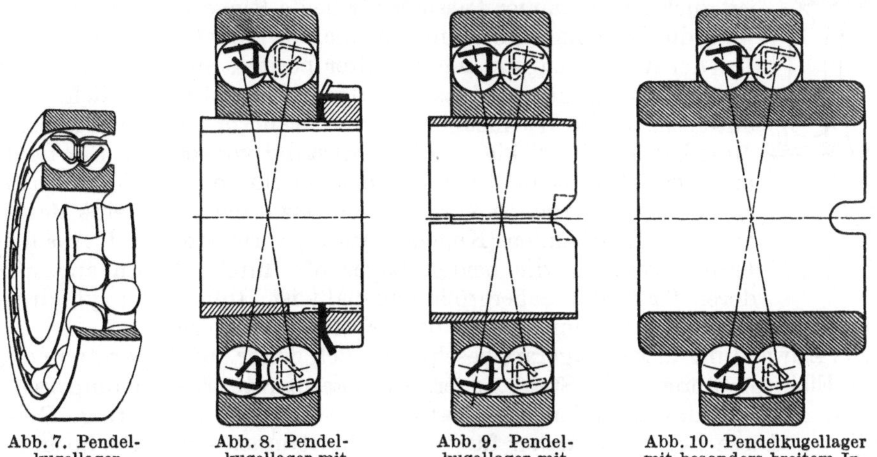

Abb. 7. Pendelkugellager. Abb. 8. Pendelkugellager mit Spannhülse. Abb. 9. Pendelkugellager mit Klemmhülse. Abb. 10. Pendelkugellager mit besonders breitem Innenring.

Die Schwenkbarkeit ist von großer Bedeutung, weil die Herstellung mehrerer genau gleichachsiger Gehäusebohrungen in einem Gußstück schwierig ist, wenn die Sitzflächen nicht in einem Arbeitsgang und nicht in der Stellung bearbeitet werden können, die sie später beim Zusammenbau einnehmen. Bei voneinander unabhängigen Gehäusen, die auf getrennten Unterlagen montiert werden, ist die Gefahr der Verachsung noch wesentlich größer. Außerdem können Wellenbiegungen vorkommen, vor allen Dingen, wenn hohe Belastungen auftreten oder große Lagerentfernungen vorhanden sind. Verachsungen erzeugen leicht hohe Zusatzkräfte, die zu frühzeitiger Zerstörung starrer Lager Veranlassung geben. Man sollte daher Pendellager wählen, wenn ein großer Schwenkwinkel erforderlich ist. Wegen ihrer hohen Tragfähigkeit ist ihre Verwendung jedoch auch in solchen Fällen vorteilhaft, wo eine Einstellbarkeit nicht verlangt wird. Der zulässige Schwenkwinkel beträgt ungefähr $\pm 1\frac{1}{2}°$. Dieser Betrag genügt vollkommen, wenn es sich nur darum handelt, Bearbeitungsfehler, Montagefehler oder Wellenbiegungen auszugleichen.

Infolge der kugeligen Ausbildung des Außenringes ist dieses Lager für die Lagerung von solchen Spindeln besonders gut geeignet, bei denen es auf einen geringen axialen Schlag ankommt.

1,114. Schulterkugellager. Der Innenring dieser Lagerart hat das gleiche Profil wie der Innenring eines Rillenkugellagers. Der Außenring besitzt nur eine Schulter, die sich an den zylindrischen Teil der Laufbahn anschließt (Abb. 11). Dieses Lager ist daher nicht „selbsthaltend". Die Herstellung bedingt eine hohe Genauigkeit, da die Außenringe einerseits und die Innenringe mit Kugeln andererseits austauschbar sein müssen. Der Einbau des Lagers ist auch bei strammer Passung für beide Ringe leicht durchführbar, weil die Laufringe getrennt voneinander montiert werden können. Da der Außenring nur eine Schulter besitzt, sind für die Führung einer Welle immer zwei Lager erforderlich. Mit Rücksicht auf die unterschiedliche Wärmedehnung von Welle und Gehäuse lassen sich diese Lager nur bei kleinem Lagerabstand verwenden. Ein Laufring muß seitlich verschiebbar sein, um das richtige axiale Spiel einstellen zu können. Hierbei ist vorsichtig zu verfahren, damit eine Beschädigung der Laufbahnen (Kugeleindrücke) vermieden wird. Aus diesem Grunde werden die beiden Lager oft durch Federn angespannt, deren Kraft der Lagergröße angepaßt ist. Infolge der zylindrischen Form der Laufbahn des Außenringes ist die Tragfähigkeit gering.

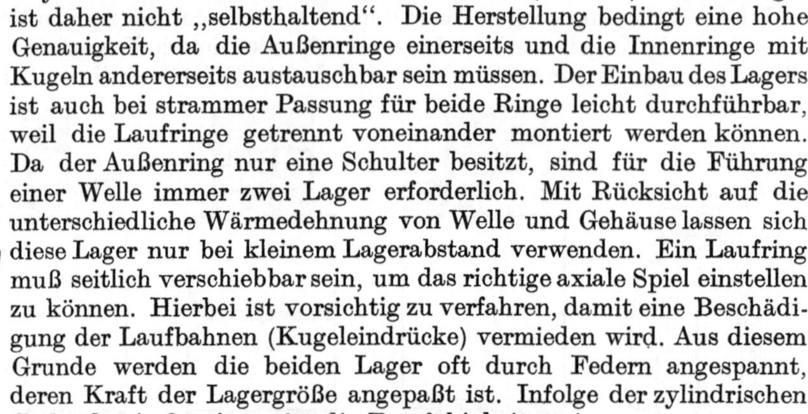

Abb. 11. Schulterkugellager.

Die Anwendung dieser Lagerart beschränkt sich daher auf Apparate und ganz kleine Elektromotoren, z. B. Staubsauger, Magnetapparate, Kreiselkompasse. Die Form der Laufbahn des Außenringes hat andererseits eine sehr geringe Reibung zur Folge. Diese Lager sind daher für feine Meßinstrumente und für hochtourige Apparate gut verwendbar. Für diese Zwecke werden sie mit besonders hoher Laufgenauigkeit hergestellt.

1,115. Schrägkugellager. Die Rillenprofile der Laufringe dieser Lager liegen seitlich versetzt zueinander und schräg zur Hauptachse (Abb. 12). Infolgedessen ergibt sich ein großer Druckwinkel und eine hohe Tragfähigkeit in Achsrichtung. Auch die radiale Belastbarkeit ist verhältnismäßig hoch, da zahlreiche große Kugeln verwendet werden können. Die Reibung dieses Lagers ist aber ziemlich hoch und die Drehzahl beschränkt. Die Beanspruchung des Käfigs ist ungünstig, weil auch bei rein radialer Belastung infolge der Zu- und Abnahme des Kugeldruckes in jeder Stellung der Kugel in der belasteten Zone ein anderer Berührungswinkel vorhanden ist. Die Kugeln müssen daher ständig beschleunigt und verzögert werden.

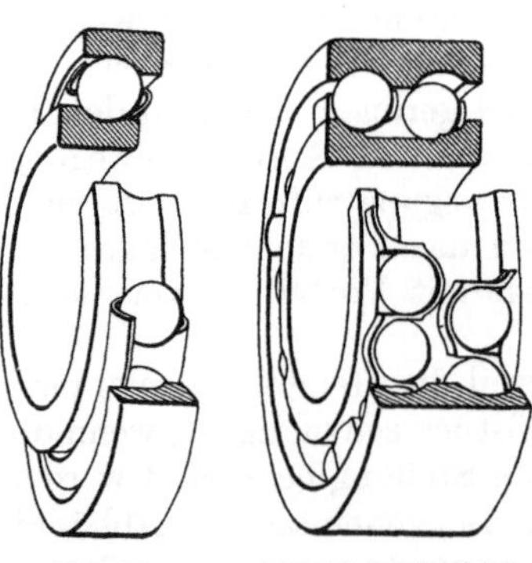

Abb. 12. Einreihiges Schrägkugellager.

Abb. 13. Zweireihiges Schrägkugellager mit einteiligen Laufringen.

Die Konstruktion der einreihigen Lager bedingt, ähnlich wie bei den Schulterkugellagern und den später zu behandelnden Kegelrollenlagern, paarweisen Einbau und Einstellung der Lagerluft. Sie sind daher nur für solche Fälle brauchbar, wo der Lagerabstand klein ist, wie z. B. bei Vorderrädern von Automobilen, so daß der Unterschied in der Wärmedehnung immer geringer ist als das in der Lagerung vorhandene Axialspiel.

Die moderne zweireihige Ausführung mit einteiligen Laufringen (Abb. 13) wird vorteilhaft für Lagerstellen verwendet, wo eine hohe radiale Tragfähigkeit verlangt wird und gleichzeitig starke Axialdrücke nach beiden Seiten vorkommen, wie z. B. bei der Lagerung des Ritzels zum Antrieb der Hinterachse von Automobilen.

1,116. Dreipunkt- und Vierpunktlager. Der Innenring eines Dreipunktlagers ist mit einer normalen Rille versehen, ähnlich wie bei einem Radiax- oder Hochschulterlager. Der Außenring ist geteilt. Jede Hälfte besitzt eine flache Rille, die so ausgebildet ist, daß die Kugeln nicht in der tiefsten Stelle, sondern seitwärts in den Rillen die Laufbahn berühren (Abb. 14). Die Außenringhälften sind in der Breite so bemessen, daß das Lager fast vollkommen spielfrei läuft. Das Lager kann nur als Festlager verwendet werden, da die beiden Hälften durch Deckel, Scheiben oder Ringe seitlich verspannt werden müssen.

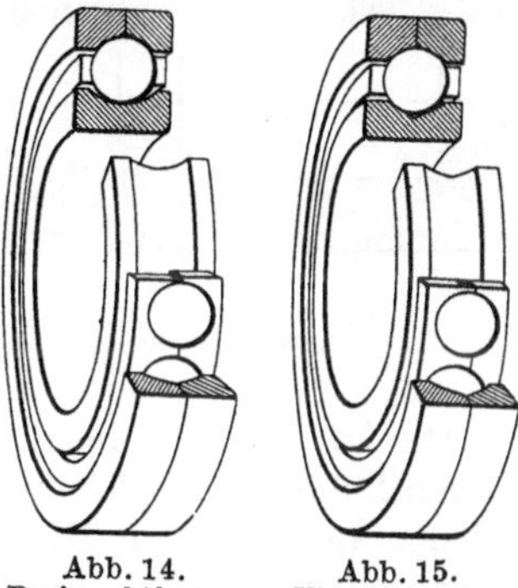

Abb. 14. Dreipunktlager. Abb. 15. Vierpunktlager.

Diese Lagerart dient daher zur Führung, wenn ein geringes Axialspiel gewünscht wird. Die Reibung ist höher als bei Radiaxlagern. Wegen der Teilung des Außenringes können zahlreiche Kugeln untergebracht werden, so daß die ungünstige Schmiegung ausgeglichen wird. Der Käfig wird hoch beansprucht, weil der Druckwinkel bei kombinierter Last stark schwankt.

Das Vierpunktlager (Abb. 15) unterscheidet sich von dem Dreipunktlager nur durch die Ausbildung der Rille des Innenringes, die ebenfalls so geformt ist, daß die Kugeln die Laufbahn an zwei Punkten berühren. Hierdurch wird die radiale Tragfähigkeit gering, die Reibung hoch, aber die axiale Beweglichkeit des einen Ringes gegenüber dem anderen sehr klein.

Die Anwendung der Dreipunkt- und Vierpunktlager ist auf wenige Sonderfälle beschränkt. Sie können im allgemeinen nicht empfohlen werden.

1,12. Querrollenlager.

1,121. Zylinderrollenlager. Die Zylinderrollenlager werden in den gleichen Hauptmaßen hergestellt wie die normalen Kugellager. Bei den schmalen Reihen ist die Dicke der Rollen gleich ihrer Länge. Bei der breiten Ausführung beträgt das Verhältnis etwa 1 : 1,5. Die Führung der Rollen erfolgt zwischen Borden des Innen- oder Außenringes (Abb. 16 u. 17). Je nachdem, welcher Laufring zwei Borde besitzt, unterscheidet man zwischen Innenbordlagern und Außenbordlagern. Der sog. freie Laufring wird entweder ohne Bord, um der Welle axiale Bewegung nach beiden Seiten zu gestatten (Abb. 16 Form N und Abb. 17 Form UN), mit einem Stützbord zwecks Begrenzung nach einer Seite (Abb. 18 Form NJ) oder mit einem Stützbord und einer Bordscheibe zur Führung der Welle nach beiden Seiten (Abb. 19 Form NUP) hergestellt.

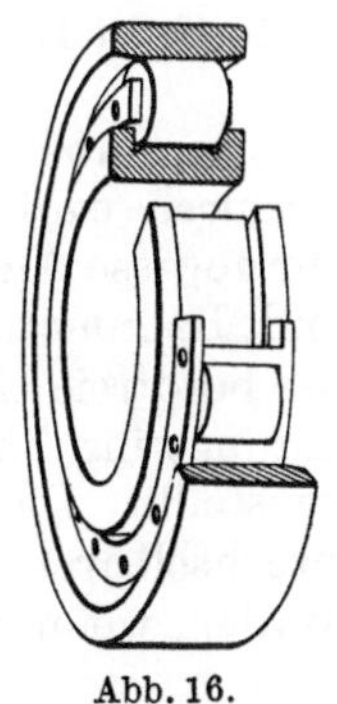

Abb. 16. Zylinderrollenlager Form „N“.

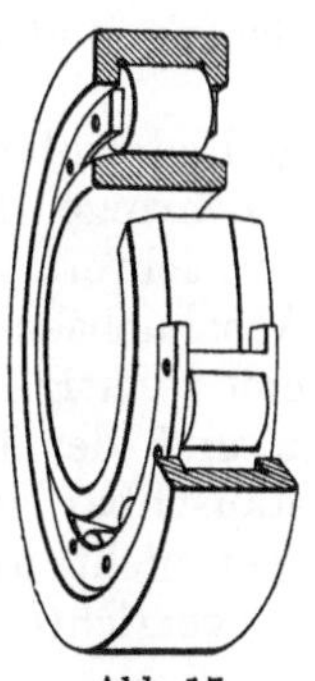

Abb. 17. Zylinderrollenlager Form „NU“.

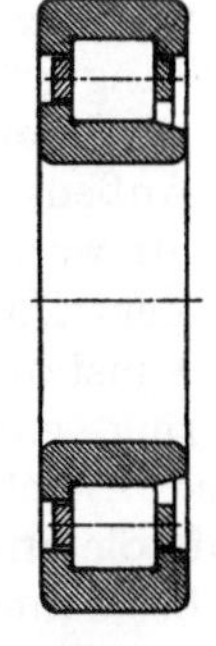

Abb 18. Zylinderrollenlager. Form NJ.

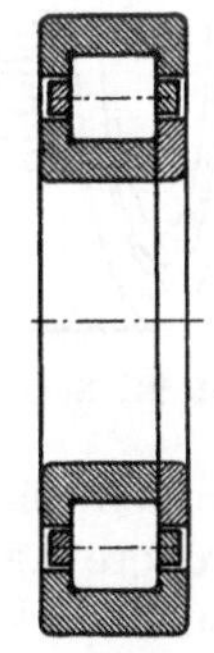

Abb. 19. Zylinderrollenlager. Form NUP.

Mit Rücksicht auf eine dringend notwendige Beschränkung der Typenanzahl sollen die Bauformen NF, NP, NH und NUJ in Zukunft nicht mehr hergestellt werden. In dem in Vorbereitung befindlichen neuen Normblatt sind nur noch die Bauformen nach Abb. 16, 17, 18 und 19 enthalten.

Die Laufringe ohne Bord besitzen eine schwach ballige Laufbahn. Man nimmt dann zwar bewußt eine geringe, dafür aber genau bestimmte Erhöhung der spezifischen Belastung in Kauf (Abb. 20c), vermeidet aber die Gefahr unbestimmter und in vielen Fällen hoher Kantenbelastungen (Abb. 20b). Der in Abb. 20a dargestellte Zustand vollkommen gleichmäßiger Lastverteilung dürfte praktisch nie zu erwarten sein.

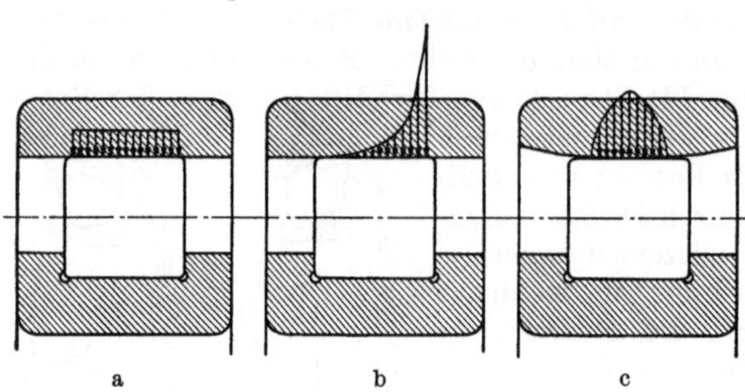

Abb. 20 a—c. Wirkung der balligen Laufbahn.

Die Laufbahnen der mit Borden versehenen Ringe sind immer zylindrisch. Bei diesen Lagern muß daher auf eine möglichst genaue zylindrische Form und gleichachsige Lage der Sitzflächen und auf Vermeidung von Wellenbiegungen größter Wert gelegt werden. Ihre Verwendung ist im allgemeinen nur dort zulässig, wo die Lager in einem Gußstück liegen und die Sitzstellen in einer Aufspannung bearbeitet werden können. Voneinander unabhängige Gehäuse lassen sich nicht so genau ausrichten, wie es die Starrheit derartiger Lager erfordert.

Die Laufringe ohne Bord gestatten axiale Bewegungen innerhalb des Lagers selbst. Dies ist ein großer Vorteil, wenn die Betriebsverhältnisse einen festen Sitz beider Ringe bedingen. Die Zylinderrollenlager mit einem bordfreien Laufring haben bei sorgfältiger Herstellung und genauer Montage eine sehr geringe Reibung. Sie sind daher für hohe Drehzahlen gut geeignet. Die mit einem Stützbord versehenen Lager gestatten auch die Aufnahme gewisser axialer Belastungen. Bei dauernden Axialdrücken ist die zulässige spezifische Belastung von der Schmierung und sorgfältigen Herstellung der Lager abhängig.

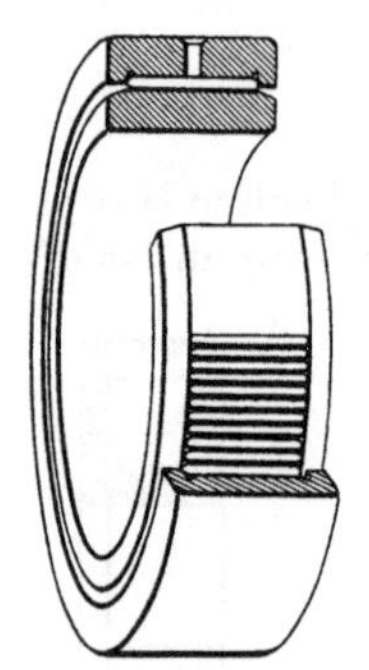
Abb. 21. Nadellager.

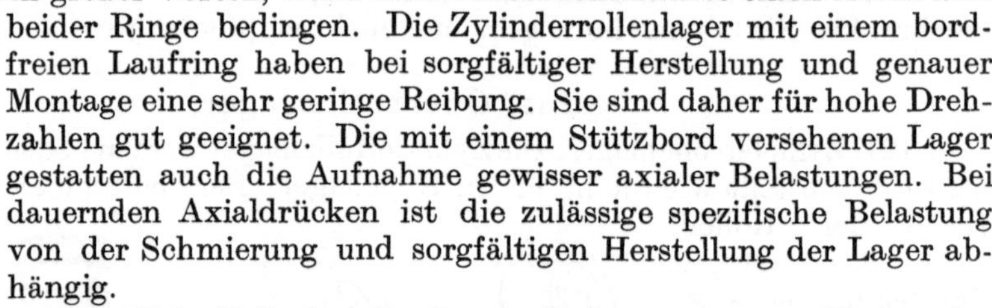

Sämtliche Zylinderrollenlager erlauben getrennten Einbau der Außen- und Innenringe. Hierdurch wird die Montage der Lager oft wesentlich erleichtert. Für gewisse Anwendungsgebiete, z. B. Zentrifugen, Achsbuchsen und Bahnmotoren, ist gerade dieser Umstand äußerst wichtig. Der bordfreie Laufring oder der Stützring einerseits und der Führungsring mit Rollen andererseits werden für diese Zwecke austauschbar hergestellt. Dies bedingt jedoch eine größere Lagerlufttoleranz als bei nicht auswechselbaren Teilen. Auf die Austauschbarkeit sollte daher immer verzichtet werden, wenn die Betriebsverhältnisse es zulassen.

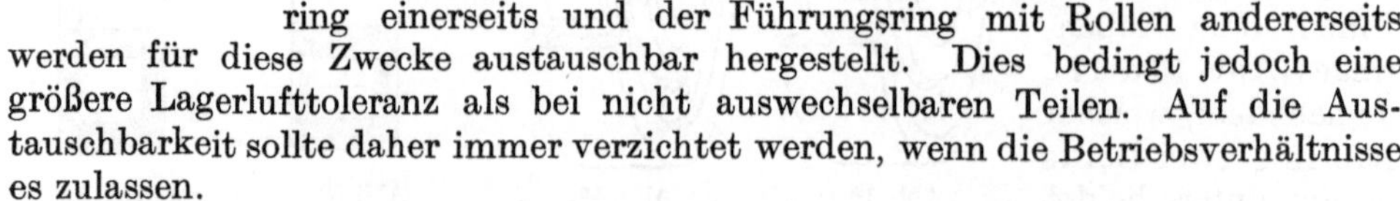

1,122. Nadellager. Bei dieser Lagerart werden im Verhältnis zum Durchmesser sehr lange, dünne, zylindrische Rollen benutzt, die im allgemeinen ohne Käfig direkt auf der Welle und im Gehäuse laufen. Nur in Sonderfällen werden gehärtete Laufringe angeordnet (Abb. 21).

Die Führung der Rollen kann nur durch die Laufbahnen selbst erfolgen. Sie bedingen daher eine große Radialluft, aber eine kleine „Teilkreisluft". Außerdem kann die Genauigkeit dieser Rollen an sich und untereinander wegen ihrer Länge nicht so hoch getrieben werden wie bei kurzen Rollen. Man muß daher mit einem wesentlich höheren Reibwert rechnen als bei Zylinderrollenlagern. Es kann sogar vorkommen, daß einzelne Rollen in der belasteten Zone gleiten, wenn sie kleiner sind als die benachbarten und wegen ihres geringen Abstandes untereinander von den Laufbahnen nicht erfaßt werden. Die radiale Tragfähigkeit ist rechnerisch verhältnismäßig hoch, mit Rücksicht auf die schlechte Führung der Rollen jedoch begrenzt.

Die Lager eignen sich vor allen Dingen für solche Stellen, wo nur schwingende Bewegung in Betracht kommt, wie z. B. bei Kolbenbolzen und Schwinghebeln. Wegen der geringen Bauhöhe kann die Anwendung auch auf anderen Gebieten zweckmäßig sein, z. B. bei Getrieben, wo Zylinderrollenlager nicht untergebracht werden können.

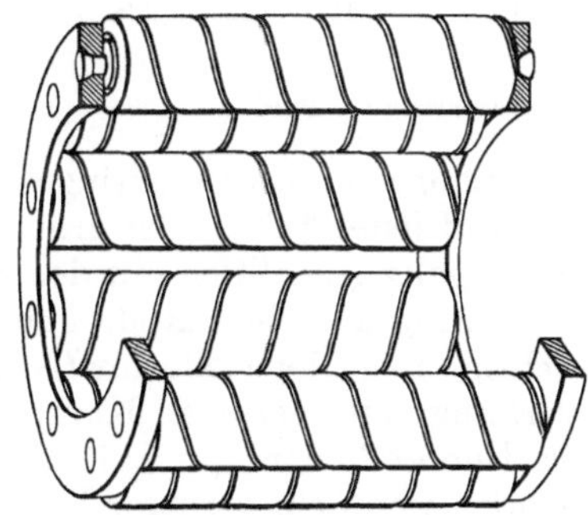

Abb. 22. Federrollenkorb.

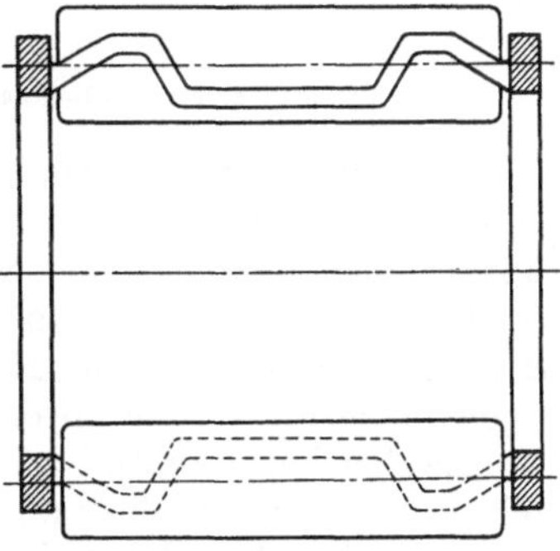

Abb. 23. Rollenkorb.

1,123. Federrollenlager—Rollenkörbe. Die Federrollenlager (Abb. 22), kommen meistens mit einer gewalzten und gehärteten äußeren Büchse zur Verwendung deren Schlitz in der unbelasteten Zone liegen soll. Die Rollen werden aus einem Band gewickelt, gehärtet und geschliffen. Die axiale Führung erfolgt durch einen Käfig, der aus zwei gehärteten und geschliffenen Seitenscheiben besteht, die durch Bolzen verbunden sind. Die Seitenscheiben müssen gleichzeitig den axialen Schub übertragen.

Diese Lager vertragen keine hohe Drehzahl; sie können daher nur für untergeordnete Zwecke Verwendung finden. Auch das große radiale Spiel begrenzt ihre Verwendungsmöglichkeit. Bei Lagern ohne Innenbüchse ist die Tragfähigkeit von der Härte der Wellenlauffläche abhängig. Sie wurden früher in großem Maße für den amerikanischen Automobilbau verwendet, als noch keine genügend tragfähigen Kugellager und Zylinderrollenlager zur Verfügung standen. Seit etwa 10 Jahren hat ihre Bedeutung auch in USA. nachgelassen.

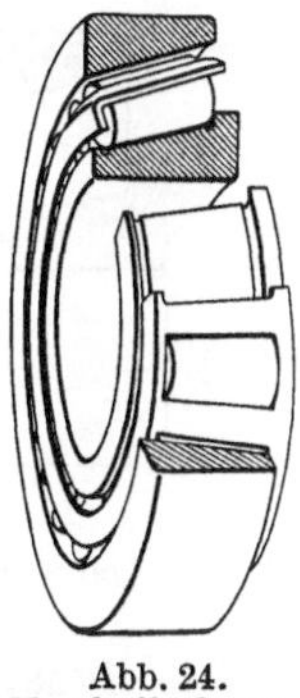

Abb. 24. Kegelrollenlager.

Die sog. Rollenkörbe (Abb. 23) bestehen aus langen, massiven Rollen mit einem Käfig, dessen Stege oder Bolzen die Führung der Rollen übernehmen. Wegen der oft nicht ausreichenden Genauigkeit, der ungenügenden Rollenführung und den meist nicht gehärteten Laufflächen ist ihre Anwendung beschränkt. Sie dienen, ähnlich wie Federrrollenlager, zur Lagerung der Räder von Getrieben und Förderwagen.

1,124. Kegelrollenlager. Das Kegelrollenlager (Abb. 24) besteht aus zwei Laufringen, einem Satz stumpfkegeliger Rollen und einem Käfig, der aus starkem Stahlblech in einem Stück gepreßt ist. Die große Seitenfläche der Rollen ist bei der Ausführung (Abb. 25a) kugelig geschliffen um die Kegelspitze als Mittelpunkt. Die Laufbahn des Außenringes ist schwach ballig ausgebildet (Abb. 25c), um die gefährlichen Kantenbelastungen zu vermeiden. Die bessere Schmiegung am Außenring gestattet diese Ausführung, ohne die theoretische Tragfähigkeit des Lagers zu beeinträchtigen. Praktisch wird die Lebensdauer solcher Lager wesentlich gün-

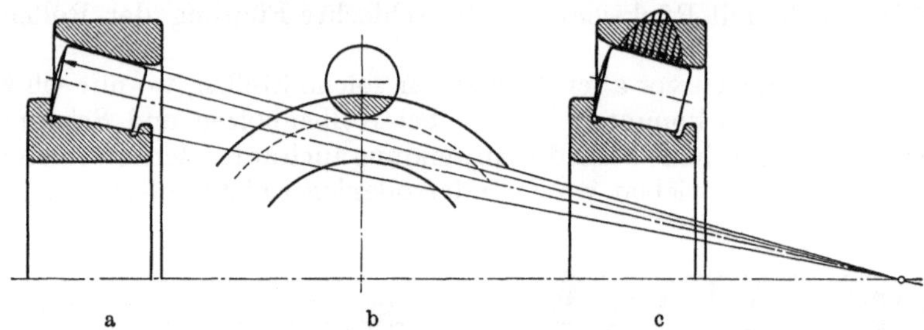

Abb. 25 a—c. Kegelrollenlager mit Flächenberührung am Bord.

stiger sein als bei rein kegeliger Ausführung. Die Laufbahn des Innenringes bildet den Mantel eines Kegelstumpfes mit einem Bord auf jeder Seite. Der große Bord in Abb. 25 ist an der innengelegenen Seitenfläche kugelig geschliffen mit demselben Radius wie die Seitenfläche der Rolle. Die Berührung zwischen Rolle und Bord erfolgt daher in einer Fläche (Abb. 25b). Die richtige Lage der Rolle zur Laufbahn ist immer gewährleistet, da sie unter der Einwirkung einer geringen Komponente aus den Normaldrücken dauernd an diesen Bord gepreßt wird (s. Abb. 27). Die einwandfreie Führung ist auch dann noch gesichert, wenn ein geringer Verschleiß eingetreten sein sollte. In solchen Fällen kann man das Lager nachstellen und unzulässige Luft zwischen Laufringen und Rollen beseitigen. Der Bord an der kleineren Seitenfläche hat den Zweck, die Rollen auf dem Innenring festzuhalten, solange das Lager nicht eingebaut ist; er kommt mit den Rollen während des Betriebes nicht in Berührung.

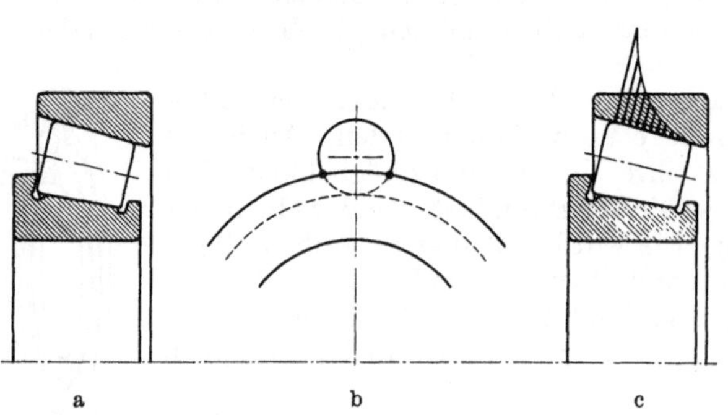

Abb. 26 a—c. Kegelrollenlager mit Punktberührung am Bord.

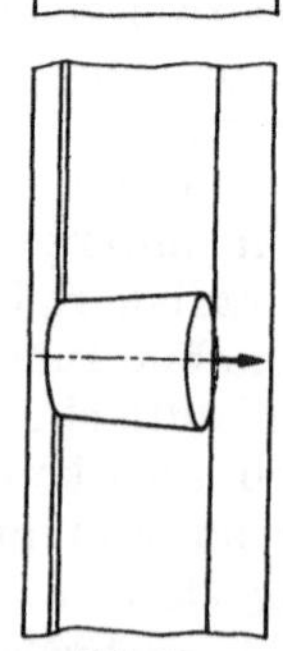
Abb. 27. Spannführung.

Die Bauart (Abb. 26a) unterscheidet sich von dieser Konstruktion durch die rein kegelige Ausbildung der Laufbahn des Außenringes und durch die Anlage der Rollen am Bord. Da die Rollenendfläche eben, die Bordfläche dagegen kegelig ist, berühren sich beide Flächen nur in zwei Punkten (Abb. 26b). Dort entsteht eine hohe spezifische Belastung, die zu schnellem Verschleiß führt. Die Linienberührung auch am Außenring (Abb. 26c) verursacht leicht eine unzulässig hohe Temperatursteigerung, da die unvermeidliche Kantenbelastung in der tragenden

Zone, vor allen Dingen bei scharfen Betriebsbedingungen, hohe Schränkkräfte hervorrufen kann.

Zur Führung der Welle sind immer zwei Lager notwendig. Bei der Einstellung der Luft der Lagerung muß daher auf den möglichen Temperaturunterschied zwischen Welle und Gehäuse Rücksicht genommen werden, um eine Verklemmung oder eine zu große Luft zu vermeiden. Es sei denn, daß die Anordnung so getroffen werden kann, daß die mit Sicherheit zu erwartende höhere Erwärmung der Welle eine Luftvergrößerung herbeiführt. In manchen Fällen wird es vorgezogen, statt der veränderlichen Einstellung Zwischenbüchsen oder Ausgleichbleche zu verwenden, um das Lagerspiel von dem Gefühl des Arbeiters unabhängig zu machen. Diese Anordnung bedingt dann aber ein sorgfältiges Zusammenpassen der Abstandshülsen oder -bleche, weil immer mit einer verhältnismäßig großen Toleranz der Gesamtbreite des Lagers gerechnet werden muß. Bei Ersatz auch nur eines Lagers müssen diese Teile nachgearbeitet oder neu zusammengepaßt werden.

Das Kegelrollenlager besitzt nicht nur eine hohe radiale, sondern auch eine große axiale Tragfähigkeit, die oft mit Vorteil ausgenutzt werden kann. Die durch die Bauart bedingte Einstellung der Luft läßt die Anwendung dann zweckmäßig erscheinen, wenn eine möglichst spielfreie Lagerung gewünscht wird, wie z. B. bei Werkzeugmaschinen und Getrieben mit Spiralverzahnung oder wenn gleichzeitig hohe radiale und axiale Belastungen vorkommen, wie bei Rädern von Kraftwagen und Förderwagen.

1,125. Einreihiges Tonnenlager. Bei diesem Lager (Abb. 28) werden symmetrische, tonnenförmige Rollkörper benutzt, deren Achsen parallel liegen zur Hauptachse des Lagers. Die Laufbahn des Außenringes ist kugelig mit dem Lagermittelpunkt als Zentrum. Die Bahn des Innenringes ist gewölbt. Der Halbmesser der Erzeugenden des Rollenmantels ist kleiner als der der Erzeugenden der Laufbahn des Außen- und Innenringes. Dadurch wird zwar die Reibung verringert, aber die Schmiegung ungünstig beeinflußt. Die radiale Tragfähigkeit entspricht ungefähr derjenigen der Zylinderrollenlager. Die Belastbarkeit in axialer Richtung ist äußerst gering. Die Führung der Rollen erfolgt durch Borde wie bei Zylinderrollenlagern. Wegen der Schwenkbarkeit des Innenringes mit Rollen bei gleichzeitiger Drehung desselben ist das Lager, ähnlich wie das Pendelkugellager, für solche Lagerstellen geeignet, wo eine Einstellbarkeit erforderlich ist.

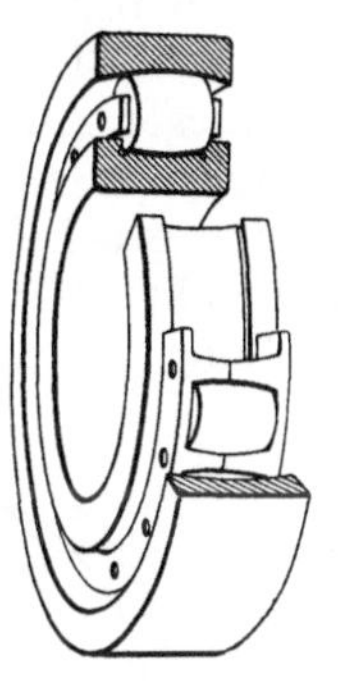

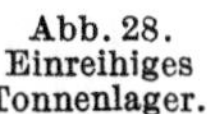

Abb. 28. Einreihiges Tonnenlager.

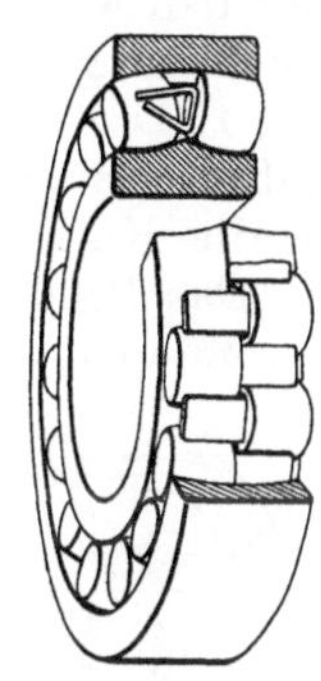

Abb. 29. Schmales Pendelrollenlager.

1,126. Schmales Pendelrollenlager. Der Außenring besitzt eine für beide Rollenreihen gemeinsame hohlkugelige Laufbahn. Die beiden Laufbahnen des Innenringes sind konkav gewölbt, entsprechend der Rollenform; sie sind jedoch nicht durch Borde begrenzt (Abb. 29). Die Führung der Rollen geschieht vielmehr an den Seitenflächen eines Ringes, der lose in dem Außenring liegt.

Die Verhältnisse in diesem Lager sind ähnlich wie bei der breiten Ausführung, die im nächsten Abschnitt beschrieben ist, insofern als die Normalkräfte am Innenring und Außenring unter einem gewissen Winkel angreifen. Dadurch entsteht eine geringe Komponente, welche die Rollen mit ihrem dicken Ende an die Seitenflächen des Leitringes drückt (Abb. 30). Die Seitenflächen der Rollen, ebenso wie die des Ringes, sind kugelig geschliffen, so daß sich eine breite Stützbasis ergibt. Da die Rollen unter einem gewissen Winkel zur Hauptachse liegen, kann diese Lagerart höhere Axialkräfte aufnehmen als das einreihige Tonnenlager. Wegen der hohen radialen Tragfähigkeit und der gleichzeitig zulässigen axialen Beanspruchung ist dieses Lager für solche Stellen geeignet, wo ein Pendelkugellager nicht ausreicht, aber auch kein Platz für die breite Ausführung vorhanden ist.

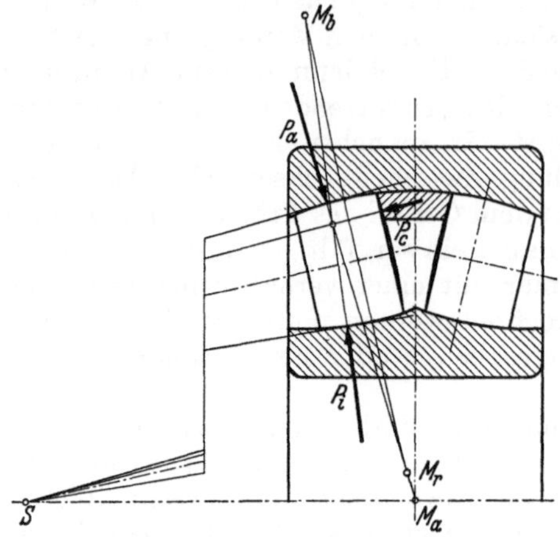

Abb. 30. Richtung der Normaldrücke beim schmalen Pendelrollenlager.

1,127. Breites Pendelrollenlager. Das breite Pendelrollenlager besitzt zwei Reihen Rollkörper, die auf einer gemeinsamen, kugeligen Bahn des Außenringes abrollen und dadurch ein leichtes Schwenken ermöglichen (Abb. 31 u. 32). Der Innenring ist mit zwei konkaven, zur Hauptachse geneigten Laufbahnen versehen, zwischen denen ein zur Führung beider Rollenreihen dienender Bord (Führungsbord) angeordnet ist. Die äußeren Borde haben die Aufgabe, die Rollen beim Zusammensetzen und beim Einbau des Lagers zu halten (Halteborde). Unter Last werden die Rollen gegen den mittleren Bord des Innenringes gepreßt; eine Berührung mit den Außenborden findet nicht statt. In jedem der beiden Halteborde ist eine Ausfräsung vorhanden, die dazu dient, das Einsetzen der Rollen zu ermöglichen. Die tiefste Stelle dieser Ausfräsung liegt bedeutend höher als die Laufbahn, so daß die Rollen nur mit einem gewissen Druck bei ausgeschwenktem Außenring in die Käfigtaschen geschoben werden können.

Das Pendelrollenlager ist ein „geschlossenes“ Lager. Es bedarf daher keiner besonderen Anstellung, wie die Kegelrollenlager. Ein großer Vorteil für den Betrieb und für die genaue Prüfung der Lager ist ihre Zerlegbarkeit. Alle Rollen können einzeln herausgenommen und alle Teile, Außenring, Rollen, Käfig und Innenring, einzeln geprüft werden.

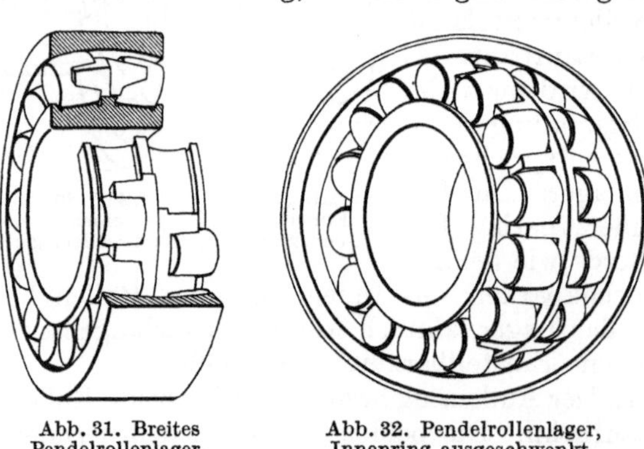

Abb. 31. Breites Pendelrollenlager.

Abb. 32. Pendelrollenlager, Innenring ausgeschwenkt.

Um eine möglichst große Tragfähigkeit zu erreichen und eine gute Führung der Rollen zu gewährleisten, wurde beim Pendelrollenlager zwischen Innenring und Rolle Linienberührung vorgesehen. Die Punktberührung am Außenring ist zulässig, ohne daß die Tragfähigkeit des Lagers insgesamt beeinträchtigt wird. Durch die Schwenkbarkeit des Lagers werden die beiden Rollenreihen gleichmäßig belastet. Die hohe theoretische Tragfähigkeit ist daher im Gegensatz zu starren Lagern auch praktisch vorhanden.

Ein weiterer Vorteil dieser Lagerkonstruktion besteht in der hohen axialen Belastbarkeit nach beiden Richtungen infolge der geneigten Lage der Rollen und der kegeligen Form der Rollkörper. Das Pendelrollenlager wird daher in manchen Fällen nur zur Aufnahme von Drücken in Achsrichtung benutzt. Der aus der Form und Lage der Rollen entstehende Druck „P_r“ (Abb. 33) an dem Führungsbord beträgt nur etwa 6% des Normaldruckes „P_a“, sowohl bei reiner Radialbelastung als auch bei kombinierter Belastung oder reiner Axialbelastung. Eine Abnutzung der Anlagefläche oder eine Beschränkung der Lebensdauer kann hierdurch nicht eintreten. Das Pendelrollenlager ist infolgedessen ganz besonders für schwere und schwerste Betriebsverhältnisse geeignet, da es bei geringer Reibung eine außerordentlich hohe Tragfähigkeit in radialer und axialer Richtung besitzt. Die Betriebssicherheit ist außerdem dadurch gewährleistet, daß Verachsungen infolge Bearbeitungsungenauigkeit der Gehäuse und Einbaufehlern durch die Schwenkbarkeit ausgeglichen werden.

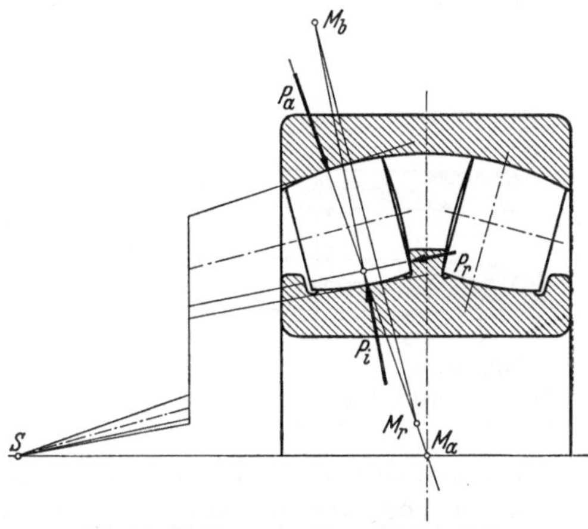

Abb. 33. Richtung der Normaldrücke beim breiten Pendelrollenlager.

Bei einzelnen Maschinen, z. B. Walzwerken, Druckzylindern und Werkzeugmaschinen, ist bei hohen Axialdrücken eine möglichst spielfreie Lagerung in einer oder beiden Richtungen erwünscht. Für diese Zwecke wird das Pendelrollenlager mit zwei symmetrischen Außenringen versehen, die gegenseitig mehr oder weniger angestellt werden können, so daß nicht nur eine Lagerung ohne Luft, sondern auch eine gewisse Vorspannung erzielt werden kann. In manchen Fällen ist es zweckmäßig, zwischen den beiden Außenringen eine Scheibe anzuordnen, die dem gewünschten Spiel angepaßt wird. Dann können die Außenringe fest verspannt werden, ohne daß eine Verklemmung möglich ist.

1,13. Längskugellager.

Die Längskugellager werden als einseitig wirkende Lager mit zwei Laufscheiben (Abb. 34) und als zweiseitig wirkende Lager mit drei Laufscheiben (Abb. 35) hergestellt. Sie dienen zur Aufnahme von Kräften, die in Achsrichtung wirken. Nennenswerte radiale Belastungen können von diesen Lagern nicht übertragen werden.

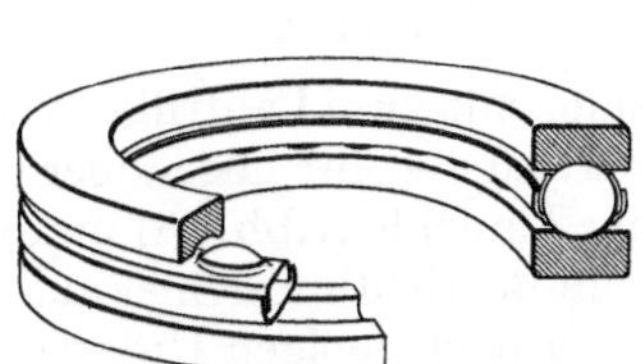
Abb. 34. Einseitig wirkendes Längslager mit flachen Scheiben.

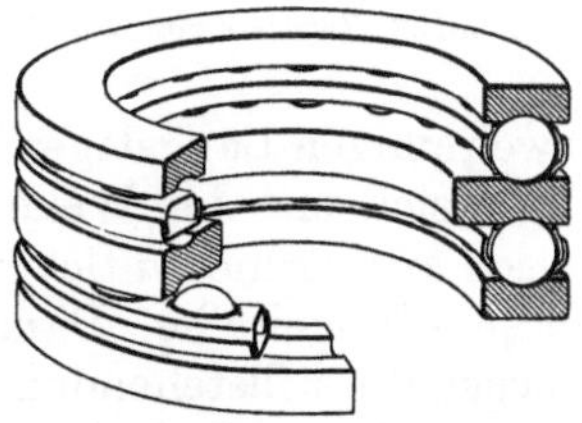
Abb. 35. Zweiseitig wirkendes Längslager mit flachen Scheiben.

Um eine Einstellung der stillstehenden Scheibe (Gehäusescheibe) zu ermöglichen, wird diese mit kugeliger Auflagefläche versehen und eine dazu passende Unterlagsscheibe mitgeliefert.

Die kugelige Auflage der „Gehäusescheibe“, bietet aber nur einen Vorteil wenn die Auflagefläche des Gehäuses nicht winkelrecht steht zur Drehachse der *Welle (Abb. 36). Eine nicht* winkelrechte Lage der „Wellenscheibe“ zur Drehachse der Welle (Abb. 37) könnte durch die kugelige Auflage nur dann ausgeglichen werden, wenn die Gehäusescheibe ständig auf der Einstellscheibe taumelt. Diese Bewegung führt jedoch leicht zu starker Abnützung oder infolge der großen Reibung bei schlechter Schmierung zur Rißbildung. In vielen Fällen wird die Einstellung überhaupt nicht erfolgen, weil die gleichzeitig erforderliche ständige radiale Bewegung der Einstellscheibe durch zu hohe Reibkräfte verhindert wird. — Bei waagerechten Wellen muß mit mehr oder weniger starkem

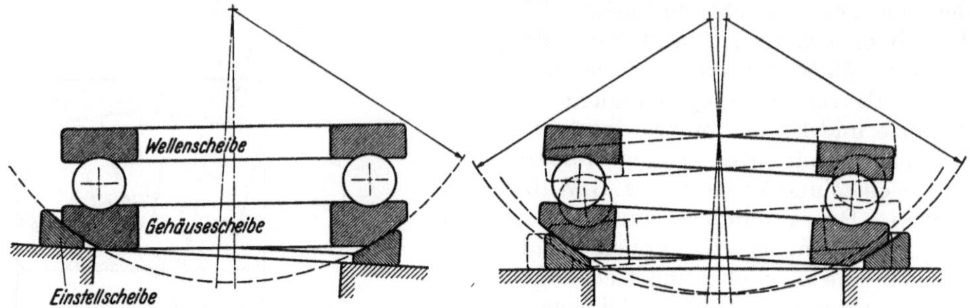

Abb. 36. Fehlerhafte Lage der Auflagefläche für die Gehäusescheibe.

Abb. 37. Taumeln der Wellenscheibe.

Durchhängen der Gehäusescheibe gerechnet werden, sofern das Lager nicht dauernd unter Vorspannung steht. Unter Belastung ist mit einem Ausrichten der Gehäusescheibe trotz der kugeligen Auflage nicht zu rechnen. Die Gehäusescheibe steht dann schräg zur Wellenscheibe, so daß nur einige Kugeln an der Aufnahme der Belastung teilnehmen; dadurch tritt sowohl Überlastung als auch die Gefahr der Beschädigung der Laufbahnen ein. — Die kugelige Auflage bietet also nur einen Vorteil bei senkrechten Wellen, wenn die Gehäusescheibe nicht rechtwinklig zur Drehachse der Wellenscheibe steht.

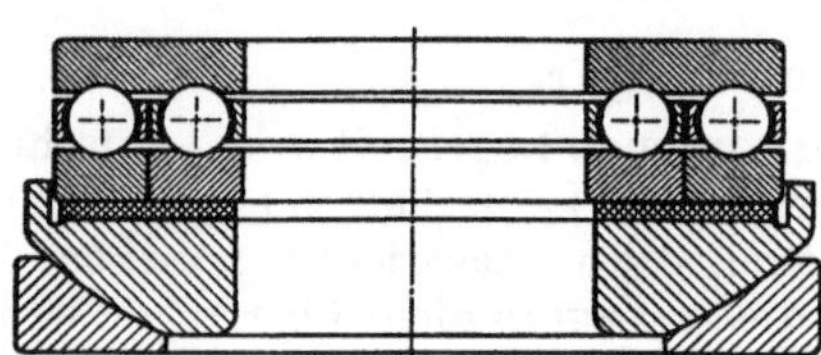

Abb. 38. Zweireihiges Längslager.

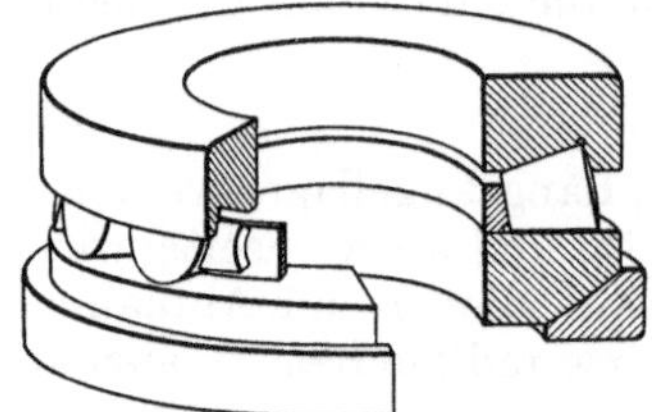

Abb. 39. Längskegelrollenlager mit einer ebenen Lauffläche.

Die zweireihigen Längslager bestehen aus einer mit zwei Laufrillen versehenen Scheibe, die sich mit der Welle dreht und zwei anderen ihr gegenüberliegenden, konzentrisch angeordneten Scheiben mit je einer Laufrille (Abb. 38) und je einem Käfig für jede Kugelreihe. Damit unvermeidliche Bearbeitungsfehler ausgeglichen werden, liegen die stillstehenden Scheiben auf einer nachgiebigen Unterlage. Diese Ausführung ist für große Belastung und hohe Drehzahl besser geeignet als ein einreihiges Lager, weil kleinere Kugeln verwendet werden können.

1,14. Längsrollenlager.

Die Laufbahn der feststehenden Scheibe des Längskegelrollenlagers (Abb. 39) ist eben, die Laufbahn der mit der Welle umlaufenden Scheibe dagegen kegelig. Diese Scheibe besitzt einen Bord mit kugeliger Anlagefläche zur Führung der Rollen, deren Seitenfläche ebenfalls kugelig geformt ist. Die ebene Ausbildung der einen Laufbahn ermöglicht eine radiale Versetzung dieser Scheibe gegenüber der anderen, was z. B. in Verbindung mit einem Gleitlager wichtig ist.

Die beiden Scheiben des Längspendelrollenlagers (Abb. 40) besitzen gewölbte Laufbahnen, deren Profil sich dem der Rollen anpaßt. Außen stützen sich die Rollen mit Flächenberührung an einem Bord ab, da ihre große Seitenfläche und die Anlagefläche des Bordes nach einem gemeinsamen Radius kugelig geschliffen sind. Durch die gewölbte Laufbahn der feststehenden Scheibe ist eine Einstellung möglich. Das Lager ist für hohe Belastung bei geringer Drehzahl geeignet.

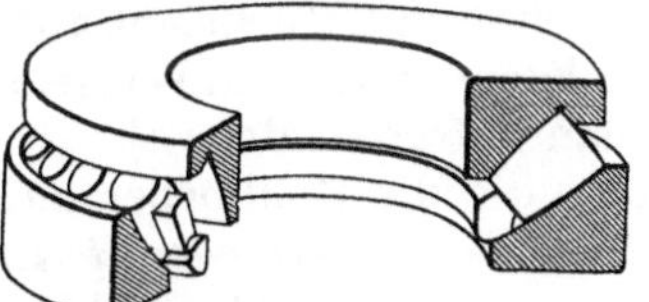

Abb. 40. Längspendelrollenlager.

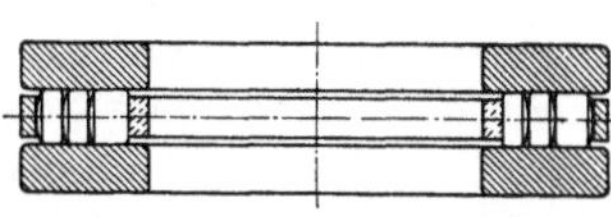

Abb. 41. Dreireihiges Längszylinderrollenlager.

Die beiden Scheiben des Längszylinderrollenlagers (Abb. 41) haben ebene Laufbahnen, zwischen denen mehrere Reihen zylindrischer Rollen angeordnet sind, die durch den Käfig geführt werden. Trotzdem kein reines Abwälzen möglich ist, sind die Lager bis zu einer gewissen Drehzahl verwendbar.

1,15. Halter für Rollkörper.

Ein Halter für Kugeln oder Rollen soll folgende Aufgaben einzeln oder gleichzeitig erfüllen:

a) die Rollkörper auf einer Laufbahn festhalten,

b) die Berührung der Rollkörper untereinander verhindern,

c) die Rollkörper in dem Halter festhalten,

d) die Führung der Rollen übernehmen, wenn keine anderen Mittel vorhanden sind,

e) das Geräusch dämpfen.

Der primitive Zweck eines Halters besteht darin, die Rollkörper auf der Laufbahn festzuhalten, um den Einbau des Lagers zu ermöglichen oder zu erleichtern. Derartige Anordnungen wurden früher häufig vorgeschlagen, wie aus der Patentliteratur hervorgeht. Heute kommt diese Konstruktion nur noch bei Nadellagern vor, bei denen kein Käfig untergebracht werden kann.

Die wichtigste Aufgabe besteht aber darin, eine Berührung der Rollkörper untereinander zu verhindern. Infolge des spannungslosen Zustandes in der unbelasteten Zone eines Querlagers würden die Rollkörper aufeinander stoßen und so in die belastete Zone eintreten. Dort werden sie, wegen der unvermeidlichen Größenunterschiede und wegen der Rundheitsfehler der Laufbahnen mit einer gewissen, unter Umständen großen Belastung aneinander gedrückt. Die Berührung erfolgt mit hoher relativer Gleitgeschwindigkeit, da die Bewegung der Rollkörper an der Berührungsstelle in entgegengesetzter Richtung, also mit der doppelten Umfangsgeschwindigkeit, erfolgt.

Bei allen modernen Rollenlagern, mit Ausnahme einiger Lagerarten mit ganz dünnen Rollen werden daher in den meisten Fällen Abstandshalter benutzt, um eine Berührung der Rollkörper zu verhindern.

Ein Vertauschen der Rollkörper verschiedener Lager ist im allgemeinen nicht zulässig, da ihre Größe stark voneinander abweichen kann. Nur die Rollkörper eines Lagers sind unter sich fast genau gleich groß. Aus diesem Grunde ist man bestrebt, die Rollkörper von dem Abstandshalter auf den Laufbahnen oder von einem Käfig allein so zu umschließen, daß ein Herausfallen vermieden wird.

In der unbelasteten Zone werden die Rollen von dem Käfig geschoben. Sie nehmen also dort die Lage ein, die der Form der Rollen und Taschen entspricht. In der belasteten Zone werden die Rollen von den Laufbahnen gefaßt und schieben den Käfig vor sich her. Bei Eintritt in die belastete Zone wechselt also die Anlage der Rollen von dem einen Steg zum anderen. Bei Zylinderrollenlagern kann der Käfig zur Führung der Rollen beitragen, wenn die Taschen möglichst genau zylindrisch sind und parallel zur Hauptachse liegen. Die ausschließliche Führung der Rollen durch den Käfig kann aber nur in ungenügender Weise erreicht werden, zumal sie in dem Halter, allein schon mit Rücksicht auf die Bearbeitungstoleranz, eine gewisse Luft benötigen, um Klemmungen zu vermeiden. Je nach der Erfüllung der einzelnen Aufgaben muß man unterscheiden:

Einfache Ringe oder Scheiben, die die Rollkörper auf der Laufbahn festhalten,

Abstandshalter, lose Zwischenstücke, Kugeln oder Rollen, die eine Berührung der tragenden Rollkörper verhindern, sie also in Abstand halten,

Verteiler, aus einem Stück, die die Rollkörper nicht auf der Laufbahn festhalten, sondern nur in Abstand halten oder verteilen,

Käfige oder Körbe, welche die Rollkörper selbst oder in Verbindung mit einem Laufring in ihrer Bewegung begrenzen und ihre Berührung verhindern.

Die Bauart der Käfige ist verschieden und abhängig von der Lagerart. Nach dem Herstellungsverfahren kann man unterscheiden zwischen:

Käfigen, die aus *einem* Blechstück gestanzt und gepreßt sind,

Käfigen, die aus *mehreren* aus Blech gestanzten und gepreßten, zum Schluß in irgendeiner Weise verbundenen Teilen bestehen,

Käfigen, die aus Bolzen und Seitenscheiben bestehen,

Käfigen, die aus *mehreren* aus dem Vollen durch Drehen, Bohren oder Fräsen hergestellten Teilen bestehen, die aber zum Schluß miteinander in irgendeiner Weise verbunden werden und

Käfigen, die aus *einem* vollen oder vorgepreßten Stück gedreht, gebohrt oder gefräst werden.

Allmählich haben sich für die meisten Lagerarten Standardbauarten herausgebildet, die durch jahrelange praktische Erfahrungen den Nachweis ihrer Betriebssicherheit und Dauerhaftigkeit, auch für stark schwankende Betriebsverhältnisse, erbracht haben. Es erübrigt sich daher, hier näher auf die Forderungen einzugehen, die von den Käfigen unter normalen Bedingungen erfüllt werden müssen. Wichtiger ist es, die Grenze der Verwendungsfähigkeit kennenzulernen.

Kugellager, Kegelrollenlager und Zylinderrollenlager, die in großen Serien hergestellt werden können, erhalten gewöhnlich aus Blech gestanzte und gepreßte Käfige, die jedoch bei allen Lagerarten verschieden ausgebildet sind. Von einer gewissen Größe ab werden auch die normalen Lager mit Käfigen versehen, die aus einem vollen oder gepreßten Stück durch Bohren oder Fräsen hergestellt sind.

Die heute auf dem Markt befindlichen, gestanzten Käfige lassen sich ohne Bedenken für die weitaus meisten Betriebsverhältnisse verwenden. Entscheidend für die Anordnung eines gebohrten Käfigs ist in erster Linie die Drehzahl oder Beschleunigung. Als Grenze kann das Produkt aus Drehzahl und Bohrung mit $n \cdot d = 300\,000$ zugrunde gelegt werden, d. h. also ein Lager mit 100 mm Bohrung erfordert erst über 3000 U/min einen gebohrten Käfig. Dabei ist aber zu berücksichtigen, daß das Verhalten der Blechkäfige bei hohen Drehzahlen verschieden ist, je nach ihrer Bauart. Eine sehr große Rolle spielt auch die Schmierung.

Die im allgemeinen bessere Bewährung der sog. massiven Käfige hängt in erster Linie mit ihrem genaueren Rundlauf zusammen, da sie allseitig bearbeitet sind. Sehr günstig verhalten sich bei hoher Drehzahl Käfige aus einer Aluminiumlegierung oder aus Spezialbronze. Der gebohrte Käfig aus Preßmessing, Bronze oder Eisen ist auch dort angebracht, wo während des Betriebes dauernd mit einer Änderung der Druckrichtung oder mit Stößen und starken Erschütterungen zu rechnen ist, also z. B. bei Pleuellagern, Stelzenköpfen von Sägegattern, Schwingsieben und Hartzerkleinerungsmaschinen. Aber selbst für Achsbüchsen von Schienenfahrzeugen lassen sich noch gestanzte Blechkäfige verwenden, obwohl während der Fahrt dauernd starke radiale und axiale Stöße zur Wirkung kommen.

Für Drehzahlen und Lagergrößen, bei denen das Produkt $n \cdot d$ den Wert 500 000 überschreitet, sollten wegen der besseren Zentrierung sog. geführte Käfige verwendet werden, bei denen das radiale Spiel der Rollkörper in den Taschen größer ist als die Luft zwischen der Käfigbohrung oder dem Mantel und den Schultern oder Borden der Laufringe. Das letztere wird dann so bemessen, daß sich eine Art Laufsitz ergibt. Die geführten Käfige werden wegen der besseren Gleiteigenschaften ausschließlich aus Preßmessing oder Bronze hergestellt.

Seit einigen Jahren verwendet man für sehr hohe Drehzahlen, vor allem bei kleinen Lagern, vielfach Käfige aus Kunstharz, das mit Faserstoffen gemischt ist. Diese Käfige besitzen ein geringes Gewicht und können allseitig bearbeitet werden. Außerdem saugen sie Öl auf und ergeben dadurch gute Gleiteigenschaften. Leider ist das Material unbeständig und je nach der Faserlage verschieden in seiner Festigkeit. Auch die Herstellung ist schwierig, wenn der Käfig aus mehreren Teilen zusammengesetzt werden muß. Da der Dehnungsfaktor höher ist als der von Stahl und nachträglich leicht ein Verziehen des fertigen Käfigs eintritt, ist eine Führung desselben auf den Schultern oder Borden der Laufringe nicht möglich. Bei Betriebstemperaturen über 100° wird das Material brüchig. Örtliche, hohe Temperaturen in den Käfigtaschen führen zum Verkohlen. Die Anwendung dieses Werkstoffes kann daher nur von Fall zu Fall empfohlen werden.

1,2. Baumaße der Wälzlager — Lagerluft — Lagerspiel.

Die Maße der Wälzlager für die Hauptabmessungen (Bohrung, Mantel, Breite und Kantenabstand) liegen heute durch internationale Normung fest (s. Tafel auf S. 90). Man unterscheidet zwischen verschiedenen Gruppen (0, 1, 2, 3 und 4) und innerhalb jeder Gruppe zwischen mehreren Reihen mit verschiedener Breite. Allerdings werden nicht alle Lagerarten in jeder Reihe serienmäßig gefertigt. Man hat sich vielmehr bemüht, eine Abgrenzung nach den besonderen Eigenschaften der einzelnen Lagerarten und ihrem Umsatz vorzunehmen. So werden z. B. die Kugellager mehr in ganz kleinen und kleinen Größen hergestellt, während für höhere Belastungen vorwiegend mittelgroße und große Rollenlager benutzt werden. Durch die jahrzehntelange Praxis hat sich gezeigt, daß die genormten Hauptmaße tatsächlich in den weitaus meisten Fällen genügen. Auch die Größe der Rundungsfläche ist durch die ISA-Empfehlungen international festgelegt worden. Dabei ist zu bedenken, daß diese Flächen im allgemeinen nur gedreht werden. Beim Schleifen der Seiten und der Bohrung bzw. des Mantels ergibt sich

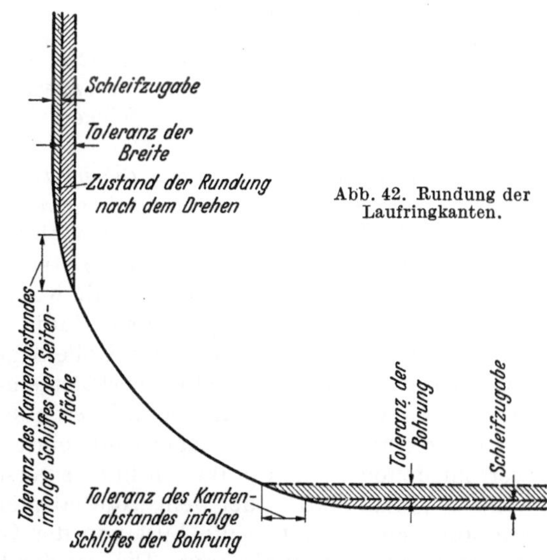

Abb. 42. Rundung der Laufringkanten.

eine Kante, deren Abstand von der Mantel-, Bohrungs- oder Seitenfläche in ziemlich weiten Grenzen schwanken kann (Abb. 42).

Die inneren Maße spielen für den Abnehmer nur insofern eine Rolle, als sie die radiale und axiale Bewegungsmöglichkeit des einen Laufringes gegenüber dem anderen, also das Lagerspiel, beeinflussen. Diese „Bewegungsfreiheit" ist aber für den Abnehmer von allergrößter Bedeutung und soll daher im folgenden ausführlich behandelt werden.

Bisher wurden die beiden Begriffe „Lagerluft" und „Lagerspiel" als gleichbedeutend nebeneinander gebraucht. Es ist aber zweckmäßig, einen Unterschied zu machen, da der Ausdruck „Lagerluft" nicht erkennen läßt, daß die Bewegungsmöglichkeit der Welle gegenüber dem Gehäuse nicht nur von dem „freien Raum" zwischen den Laufringen, der nach Abzug der Kugeln verbleibt, beeinflußt wird, sondern auch von einer gewissen Federung, die von der Belastung abhängt.

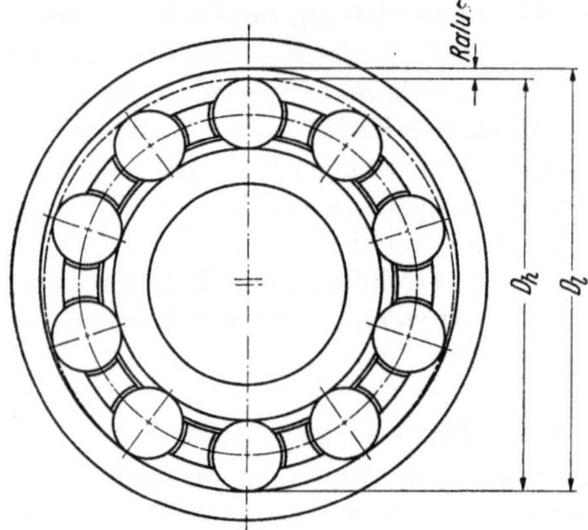

Abb. 43. Darstellung der Radialluft.

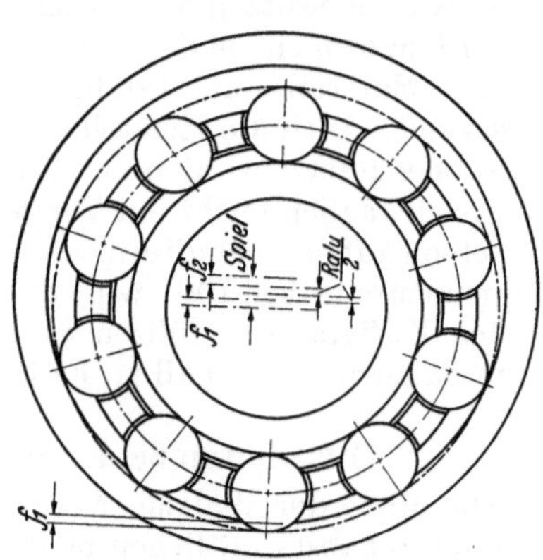

Abb. 44. Darstellung des Radialspiels.

Unter „Radialluft" soll daher allgemein der Maßunterschied der Durchmesser desjenigen Hüllkreises und des entsprechenden Laufbahnkreises verstanden werden, welche die radiale Bewegung der Laufringe bei konstruktiv richtiger Lage der Laufbahnen zueinander begrenzen.

Unter „Radialspiel" sei dagegen die gesamte radiale Bewegungsmöglichkeit der Laufringe verstanden, die sich unter Last ergibt, also Luft einschließlich Federung.

Der Begriff „Radialluft" bezieht sich also auf eine Konstruktionsgröße, der Begriff „Radialspiel" dagegen auf einen Betriebswert.

Die „Radialluft" kann nur festgestellt werden durch Messen der Durchmesser der Laufbahnen und der Rollkörper, das „Radialspiel" dagegen nur beim kompletten Lager oder der Lagerung. Bei allen Rollenlagern ist die Federung gering. Bei Kugellagern ist die Federung jedoch verhältnismäßig groß. Deshalb muß bei diesen Lagerarten immer die Belastung beim Messen des Spiels angegeben werden.

Bei mehrreihigen, starren Lagern mit einteiligen Laufringen wird die Luft in den verschiedenen Reihen praktisch immer verschieden sein.

Von der „Radialluft" oder dem „Radialspiel" kann man aber nur bei solchen Lagern sprechen, bei denen die Luft von der Größe der Toleranz der Lagerteile, also von der Fabrikation abhängt. Dies ist der Fall bei:

Rillenkugellagern, Pendelkugellagern, Schulterkugellagern, zweireihige Schrägkugellager mit einteiligen Laufringen, Zylinderrollenlagern und Tonnenlagern, sowie Pendelrollenlagern mit einteiligen Laufringen.

Bei einreihigen Schräglagern und zweireihigen Schräglagern mit zwei Außen-

oder zwei Innenringen, bei Kegelrollenlagern sowie Pendelrollenlagern mit zwei Außenringen wird das Spiel durch die axiale Verschiebung der Laufringe bei der Montage eingestellt.

Die Lagerarten der ersten Gruppe sollen als „geschlossene Lager", diejenigen der zweiten Gruppe als „offene Lager" bezeichnet werden.

Man muß unterscheiden zwischen der Bewegungsmöglichkeit eines Laufringes gegenüber dem anderen in radialer Richtung (Abb. 44), *in Richtung der Achse* (Abb. 45) *und um den Lagermittelpunkt, dem Schwenken oder Pendeln* (Abb. 46).

Bei Lagern mit hohlkugeliger oder balliger Laufbahn oder kugeliger Mantelfläche der Ringe oder Scheiben spricht man von „einstellbaren" Lagern oder Pendellagern, bei anderen dagegen, z. B. den Rillenlagern mit Einfüllöffnung, den Radiaxlagern und Schräglagern, von „starren" Lagern, obwohl auch bei diesen ein Schwenken oder Kippen des einen Laufringes gegenüber dem anderen, wenn auch in viel geringerem Maße als bei Pendellagern, möglich ist. Diese Schwenkbeweglichkeit, die als „Winkelspiel" bezeichnet werden soll, ist in erster Linie von der Form und Lage der Laufrille abhängig. Es wird um so größer, je größer der Rillenhalbmesser ist gegenüber dem Kugelhalbmesser. Der größte Wert wird erreicht, wenn der Mittelpunkt des Profils der Laufrille in der Lagermitte liegt. Bei allen Lagern, deren Rillenkrümmungsmittelpunkt nicht in der Lagermitte liegt, hängt die Schwenkbeweglichkeit von der Lagerluft, von dem Rillenübermaß und von der Belastung ab.

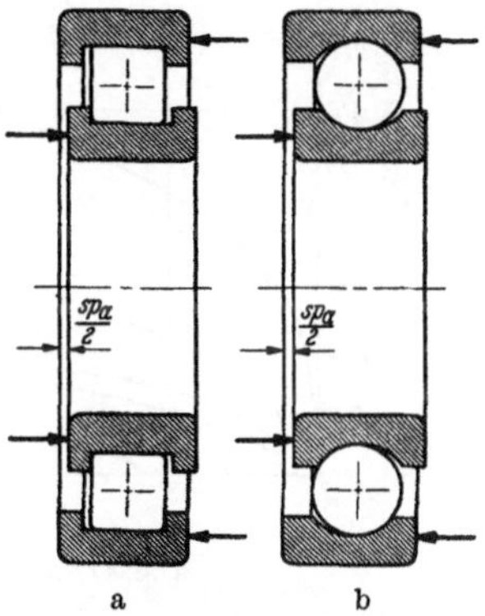

$\frac{sp_a}{2}$ $\frac{sp_a}{2}$

a b

Abb. 45 a—b. Axialspiel-Durchschlag.

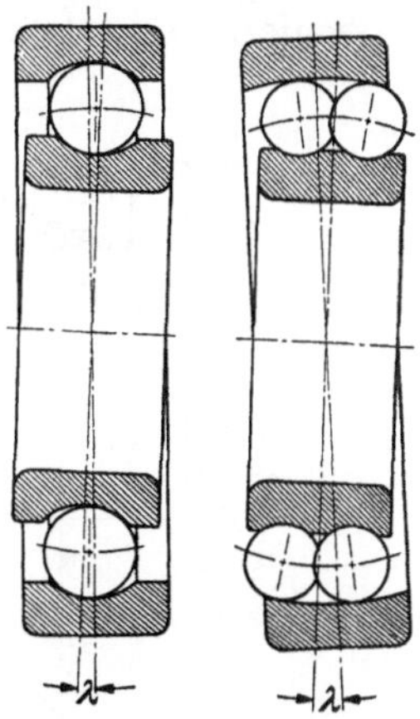

λ λ

a b

Abb. 46 a—b. Winkelspiel.

Bei der Beweglichkeit in radialer und axialer Richtung, d. h. dem radialen und axialen Spiel, muß man unterscheiden, zwischen dem Spiel vor dem Einbau, dem *Fertigungsspiel;* dem Spiel nach dem Einbau, dem *Passungsspiel;* dem Spiel während des Laufes nach Eintritt des Beharrungszustandes, also dem *Endspiel* des einzelnen Lagers und dem *Betriebsspiel der Lagerung,* das noch durch die Luft der Laufringe im Gehäuse und auf der Welle und schließlich durch die Federung dieser Teile beeinflußt werden kann.

Als „Radialspiel" eines Lagers soll bezeichnet werden: *„das Maß für die radiale Verschiebung eines Laufringes gegenüber dem anderen aus einer Grenzstellung bis zur anderen unter einer bestimmten Last, wobei entsprechende Laufbahnkreise des Innenringes und Außenringes in einer Ebene liegen."*

Als „Axialspiel" eines Lagers oder Durchschlag soll bezeichnet werden: *„das Maß für die axiale Verschiebung eines Ringes gegenüber dem anderen aus einer Grenzstellung bis zur anderen unter einer bestimmten Last bei konzentrischer Lage der geschmierten Laufbahn und rotierendem*[1] *Innenring."*

Als „Winkelspiel" eines Lagers soll bezeichnet werden: *„das Maß des Ausschlages eines Punktes der Seitenfläche des Außenringes von einer Grenzstellung bis zur anderen, wenn dieser bei rotierendem*[1] *aber seitlich fest-*

[1] Bisher wird das Axialspiel und Winkelspiel nur bei nicht umlaufendem Innenring gemessen. In diesem Fall ergeben sich geringere Werte.

gehaltenem Innenring unter einer gewissen radialen und axialen Last nach beiden Seiten geschwenkt wird.“

Bei der Festlegung der Radialluft muß man versuchen, sich den günstigsten

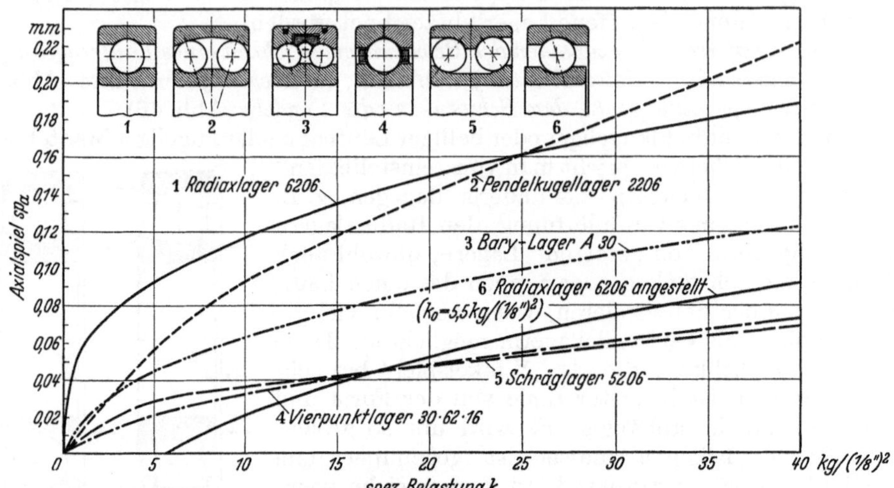

Abb. 47. Abhängigkeit des Axialspiels von der spezifischen Belastung.

Verhältnissen für den Betriebszustand der meisten Lager soweit wie möglich anzupassen, andererseits müssen Toleranzen zugrunde gelegt werden, die auch bei Massenfertigung ohne besondere Schwierigkeit eingehalten werden können. Bei

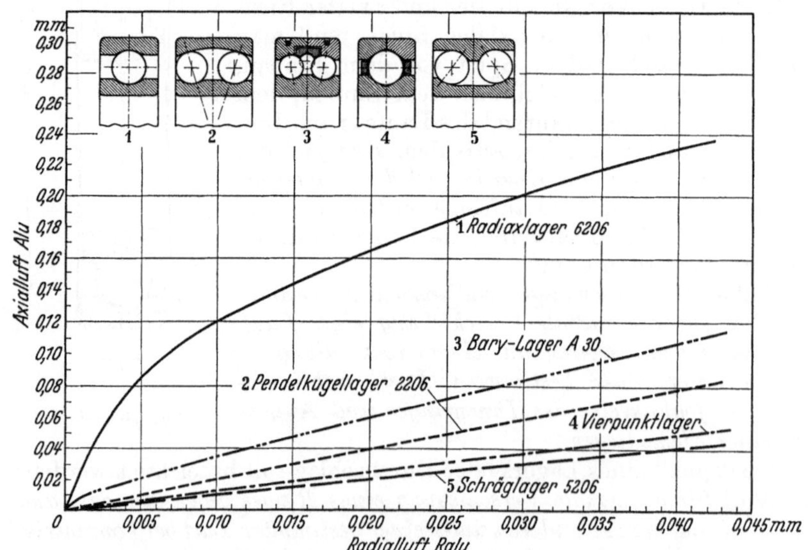

Abb. 48. Abhängigkeit der Axialluft von der Radialluft.

der Bestimmung der Größe der Radialluft sind folgende Faktoren zu berücksichtigen:

a) die Passung der Laufringe,
b) die Temperaturdifferenz der Laufringe,

c) die elastische Verformung der Laufbahnen unter Belastung,
d) die normale Laufgenauigkeit des eingebauten Lagers,
e) besondere Verhältnisse der Lagerbauart,
f) der Einfluß auf die Tragfähigkeit.

Die Größe der axialen Beweglichkeit des einen Laufringes gegenüber dem anderen, d. h. des Axialspiels oder Durchschlags, ist bei „geschlossenen“ Querlagern abhängig

a) von der Belastung,
b) von der Radialluft,
c) von dem Druckwinkel und damit
d) von dem Verhältnis Profilhalbmesser zu Kugelhalbmesser,
e) von der Messung bei Stillstand oder Rotation.

Der Einfluß der Belastung geht aus der Abb. 47 hervor. Um die verschiedenen Lagerarten vergleichen zu können, ist der spezifische Kugeldruck zugrunde gelegt. Es handelt sich um Rechnungswerte, die aus den Hertzschen Formeln erhalten wurden. Man sieht daraus, daß bei Radiaxlagern schon bei geringer Last eine große axiale Verschiebung der Laufringe eintritt. Mit steigender Last wird die Zunahme des Axialspiels kleiner. Dies hängt mit der Form und Lage der Rillen, d. h. der Veränderung des Druckwinkels zusammen. Bei Pendellagern bleibt das Verhältnis, abgesehen vom Anfang, nahezu das gleiche; auch dies ist eine Folge der Rillenform oder der sehr geringen Änderung des Druckwinkels. Den geringsten Einfluß hat die Belastung bei Vierpunktlagern, zweireihigen Schräglagern und zwei vorgespannten Radiaxlagern.

Tabelle 1. Radialspiel[1] (Richtwerte) in $\mu = 0{,}001$ mm.

Lagerbohrung mm	Radiaxlager Radialspiel leichte Reihe	Radiaxlager Radialspiel mittelschwere Reihe	Zylinderrollenlager[2] Radialspiel alle Reihen	Pendelrollenlager Radialspiel alle Reihen
bis 20	4—18	—	20— 30	—
über 20 bis 30	4—18	4—18	25— 35	—
„ 30 „ 40	4—18	4—22	25— 40	—
„ 40 „ 50	4—18	7—25	30— 45	30— 45
„ 50 „ 65	7—25	8—30	35— 50	30— 50
„ 65 „ 80	7—25	8—30	40— 60	40— 60
„ 80 „ 100	7—30	8—35	45— 70	45— 70
„ 100 „ 110	7—30	8—35	50— 80	50— 80
„ 110 „ 120			50— 80	50— 80
„ 120 „ 140	Für die Lager über dem Strich beträgt die Belastung beim Messen ± 5 kg. Für die Lager unter dem Strich ± 15 kg.		60— 90	60— 90
„ 140 „ 150			65—100	65—100
„ 150 „ 160			65—100	65—100
„ 160 „ 180			75—110	70—110
„ 180 „ 200			80—120	80—120
„ 200 „ 225			90—135	90—140
„ 225 „ 250			100—150	100—150
„ 250 „ 280			110—165	110—170
„ 280 „ 315			120—180	120—180
„ 315 „ 355			135—200	140—210
„ 355 „ 400			150—225	150—230

[1] Die in den verschiedenen Spalten angegebenen Werte für das Radialspiel gelten nur für normale Betriebsverhältnisse. In Sonderfällen kann ein kleineres oder größeres Spiel erforderlich sein. Die Wälzlagerfirmen besitzen hierfür interne Normen, die Berücksichtigung finden müssen.

[2] Die für Zylinderrollenlager angegebenen Werte gelten nur, wenn die Teile, Innenring mit Rollen und Außenring, oder Außenring mit Rollen und Innenring, nicht vertauscht werden. Bei beliebigem Austausch ergeben sich wesentlich größere Toleranzbeträge.

Das Verhältnis Axialluft zu Radialluft zeigen die Kurven (Abb. 48). Für Radiaxlager ergibt sich hier ein ähnlicher Zustand. Der Verhältniswert Axialluft zu Radialluft ist groß bei kleiner Luft und sinkt bei zunehmender Radialluft. Der Einfluß der Größe des Druckwinkels ist sowohl aus Abb. 48 als auch aus Abb. 47 zu erkennen. Die Federung sinkt mit steigendem Druckwinkel.

Damit sich der Verbraucher von Wälzlagern ein Bild über die Größe und Toleranz des Radialspiels machen kann, sind in der Tabelle 1 Richtwerte für die wichtigsten Lagerarten zusammengestellt.

1,3. Reibung.

Die Gesamtreibung eines Wälzlagers setzt sich aus mehreren verschiedenartigen Reibungsvorgängen zusammen.

1. Aus der sog. Rollreibung als Folge elastischer Verformung.
2. Aus der Gleitreibung infolge Beschleunigungskräften.
3. Aus der Gleitreibung infolge Herstellungsungenauigkeiten.
4. Aus der Gleitreibung der Rollkörper am Käfig.
5. Aus der Gleitreibung der Rollkörper an den Borden.
6. Aus der Gleitreibung durch die Verdrängung des Schmiermittels.
7. Aus der Gleitreibung der Dichtungsteile.

Auf die Rollreibung oder den Rollwiderstand wirken folgende Umstände ein:

a) die elastischen Eigenschaften des Werkstoffes,
b) die Beschaffenheit der Oberflächen,
c) die Größe des Normaldruckes,
d) Größe und Richtung des Tangentialdruckes,
e) die Rollgeschwindigkeit,
f) die Gestalt und gegenseitige Lage der Oberflächen.

Die hier aufgeführten einzelnen Widerstände, die zwischen den sich aufeinander abwälzenden Körpern auftreten, können in ihrer Gesamtheit als Rollwiderstand bezeichnet werden. Das mit der Rollbewegung verbundene vollkommene Gleiten, d. h. das gleichzeitige Gleiten sämtlicher Punkte der Druckfläche in einer gewissen Richtung, ist nicht als Teil des eigentlichen Rollwiderstandes anzusehen. Von den als Rollreibung aufgeführten Einzelwiderständen ist der unter Punkt *f* erwähnte für den Verbraucher am wichtigsten, weil er der einzige ist, der bei Lagern verschiedener Bauart deutlich feststellbare Unterschiede in Erscheinung treten läßt.

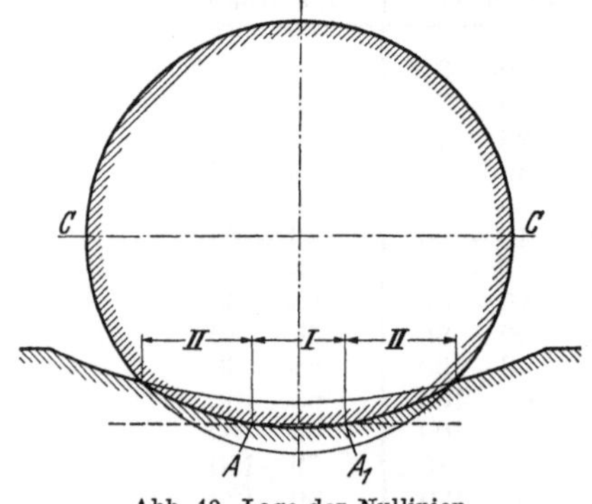

Abb. 49. Lage der Nullinien.

Zwei Körper von rein zylindrischer Form rollen mathematisch genau aufeinander ab, wenn sie vollkommen starr sind und ihre Achsen gleiche Richtung haben. Bei zwei Körpern von rein kegeliger Form müssen sich die Achsen in einem Punkt auf der Hauptachse schneiden. Ist aber die Erzeugungslinie der einen oder anderen Oberfläche nicht gerade, sondern gekrümmt, wie z. B. bei kugeligen oder tonnenförmigen Rollkörpern, dann erhält auch die tatsächliche Berührungsfläche zwischen elastischen Körpern eine nach allen Richtungen gekrümmte Form. In Abb. 49 ist die Krümmung in der Ebene dargestellt, die durch die Achse des Rollkörpers und die Lagerachse gegeben ist. Die Punkte der Berührungsfläche, die in einer Schnittebene durch die Rotationsachse *C—C* des Rollkörpers liegen, haben ungleichen Abstand von dieser Achse. Da die Umfangsgeschwindigkeit eines jeden Punktes des Mantels, bezogen auf seinen Drehmittelpunkt, durch das Produkt aus dem Halbmesser und der Winkelgeschwindigkeit des Körpers gegeben ist, bewegen sich die verschiedenen Punkte mit verschiedener Umfangsgeschwindigkeit. Hieraus ergibt sich, daß nur bestimmte Punkte eine reine Rollbewegung auf der Unterlage ausführen können, während sich alle übrigen Punkte mit größerer oder kleinerer Geschwindigkeit bewegen. Die Punkte mit reiner Rollbewegung bilden in der Zeichnungsebene eine oder zwei sog. Nullinien A und A_1, die parallel zur Rollrichtung verlaufen. Alle Punkte des Bezirkes I führen ein Gleiten entgegen der Rollrichtung aus, alle Punkte der Bezirke II dagegen ein nach vorwärts gerichtetes Gleiten. Die Lage der Nullinien ist durch die Gleichgewichtsbedingung bestimmt, wonach die geometrische Summe sämtlicher Gleitreibungskräfte des Bezirkes I und der Bezirke II sowie der tangentialen Kräfte am Rollkörper gleich Null sein muß.

Außer der sog. reinen Rollreibung, als Folge von mehr oder weniger großem partiellen Gleiten, entsteht in den Wälzlagern auch vollkommenes Gleiten, das durch eine ganze Reihe von Umständen hervorgerufen werden kann.

Bei Pleuellagern können so hohe Beschleunigungskräfte vorkommen, daß die Rollen in der unbelasteten Zone ein vollkommenes Gleiten ausführen. Aus diesem Grunde verwendet man, je nach der Umfangsgeschwindigkeit, möglichst kleine Rollen. Dabei kommt es weniger auf die Verringerung der Reibung an als auf die Vermeidung des Fressens der gleitenden Rollkörper auf der Laufbahn. Die gleiche Erscheinung zeigt sich oft bei Längslagern, wenn die Zentrifugalkraft zu groß ist, oder wenn die Kugeln zeitweise entlastet werden, weil ein Druckwechsel eintritt oder die Scheiben nicht parallel liegen.

Da die Lage der sich berührenden Flächen zueinander eine große Rolle spielt, ist es erforderlich, die Abweichungen von der ideellen Form bei der Herstellung der Lager und Zubehörteile möglichst klein zu halten. Je geringer die Unterschiede in der Dicke der Rollen sind und je genauer die Laufbahnen der Idealform entsprechen, um so kleiner wird der Reibwert. Sind die Rollen Vielecke, was bei unrichtigem Schliff vorkommen kann, so wird die Reibung höher. Dasselbe trifft zu, wenn sie kegelig sind. Dann haben die Rollen das Bestreben, seitwärts abzuwandern. Sie werden infolgedessen mit einer gewissen Kraft an einen der Borde gepreßt. Gleichzeitig treten Kantenbelastungen auf, die ebenfalls einen erhöhten Widerstand zur Folge haben.

Bei Kugellagern liegen die Verhältnisse am günstigsten, weil die Kugeln und Laufbahnen sehr genau hergestellt werden können. Auch der Einfluß der Sitzflächen ist gering, da sich irgendwelche Fehler wegen der schmalen Laufspur, abgesehen von zweireihigen starren Lagern, wenig auswirken können. Bei Zylinderrollenlagern mit schmalen Rollen ist die Herstellungsgenauigkeit heute fast ebenso groß wie bei Kugellagern, obwohl nicht nur Unrundheit, sondern auch Konizität vermieden werden muß. Die Fehler der Sitzflächen übertragen sich aber in vollem Umfange auf die Laufbahn. Dies ist meistens die Ursache für erhöhte Reibung bei diesen Lagern, vor allen Dingen, wenn beide Ringlaufbahnen zylindrisch sind.

Wenn aber die Rollenlänge mehr als das zweifache des Durchmessers beträgt, muß mit wesentlich größeren Fehlern auch durch die Ungenauigkeit der Sitzflächen gerechnet werden. Außerdem äußert sich die Wellenbiegung in stärkerem Maße. Hinzu kommt, daß die Führung mit zunehmender Länge schlechter und schlechter wird.

Welchen Einfluß mangelnde Herstellungsgenauigkeit und schlechte Rollenführung auf den Reibwert ausüben, das beweisen auch die Versuche mit einem Nadellager. Der Reibwert für diese Lager liegt sechsmal so hoch wie der von Lagern mit schmalen Rollen. Die hohe Gleitreibung zeigt sich auch an der hohen

Temperatur, die bei den Prüflasten zwischen 80° und 150° lag gegenüber 35—65° bei Zylinderrollenlagern[1].

Bei allen modernen Rollenlagern erfolgt die Führung der Rollen durch seitliche Borde. An den Führungsflächen entsteht reine gleitende Reibung, deren Größe von der Form der Anlage, der Schmierung und Belastung abhängig ist.

Der Vorteil der dauernd unter Spannung stehenden Bordführung bei Lagern mit kegelförmigen Rollen in bezug auf die Gesamtreibung ist wesentlich größer als der Nachteil der geringen Bordreibung, zumal eine in den Laufbahnen entstehende Reibung wegen des hohen Druckes viel größer ist als die Bordreibung. Der aus der Kegelform herrührende Druck beträgt nur etwa 6% des Normaldruckes auch bei axialer Belastung. Die spezifische Belastung an dem Bord ist also bei Flächenberührung, wie sie bei diesen Lagern vorgesehen wird, verhältnis-

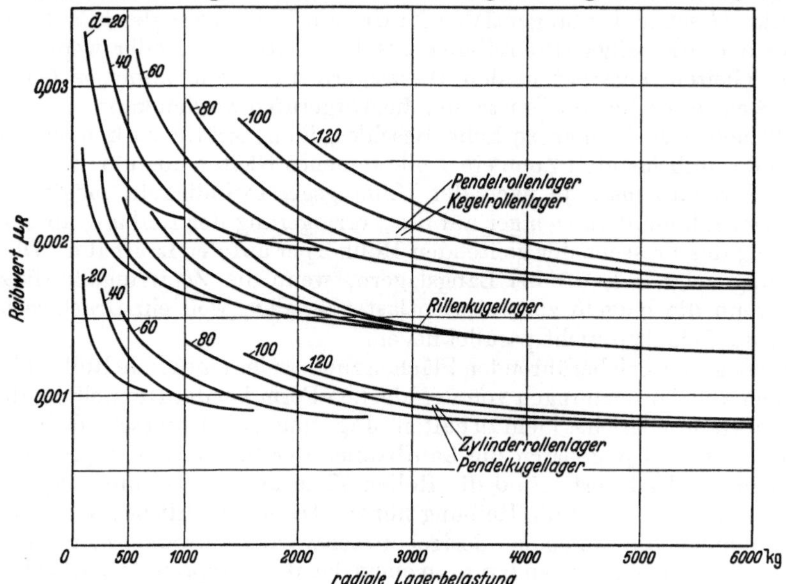

Abb. 50. Reibwerte für Wälzlager in Abhängigkeit von Belastung und Lagergröße.

mäßig gering, im Gegensatz zu Lagern mit zylinderförmigen Rollen, bei denen der Axialdruck in voller Höhe aufgenommen werden muß. Hier ist mit einer wesentlichen Erhöhung des Reibwertes zu rechnen.

Durch die Berührung der Rollkörper oder der Ringe mit dem Käfig, dem Schmiermittel, der Luft oder irgendwelchen Verunreinigungen werden ebenfalls Reibwiderstände hervorgerufen. Die Reibung der Rollkörper am Käfig ist abhängig von dem Gewicht des Käfigs, von seiner Beschleunigung oder Verzögerung und von seiner Unwucht, aber auch von der Genauigkeit, der Form und Dicke der Rollkörper und ihrer Führung.

Bei der Behandlung der Reibung der Wälzlager dürfen die praktischen Verhältnisse nicht außer acht gelassen werden. Gerade diese können den Reibwert stark beeinflussen. Wenn z. B. das Lagergehäuse überreichlich mit Öl oder Fett gefüllt ist, erhöht sich der Reibwert der Lagerung ganz wesentlich. Die Lagertemperatur steigt evtl. so weit, daß eine Zersetzung des Fettes eintreten kann. Wegen der dann geringeren Schmierwirkung und der zunehmenden Verflüssigung steigt die Reibung und Temperatur noch mehr.

[1] s. „Die Wälzlager“ von W. Jürgensmeyer. Verlag Springer.

Der Unterschied der Reibung bei Fettschmierung und Ölschmierung ist so gering, daß er in den weitaus meisten Fällen, für beide Schmiermittel günstige Verhältnisse vorausgesetzt, praktisch ohne Bedeutung ist. Wenn es aber darauf ankommt, ein Minimum an Reibung gleichmäßig in allen Fällen zu erreichen, dann ist die Tropfölschmierung vorzuziehen.

Eine beträchtliche Erhöhung des Reibwertes, vor allen Dingen bei der Inbetriebsetzung, ist auch zu erwarten, wenn als Dichtung schleifende Teile, z. B. Filzringe oder Ledermanschetten benutzt werden. Sitzen die Filzringe zu stramm, dann kann eine sehr hohe Temperatur erzeugt werden und die Welle an der Dichtungsstelle stark verschleißen.

Wenn man von dem Einfluß der Dichtungsteile absieht, der vollkommen vermieden werden kann, so geht aus allen Versuchen hervor, daß der Reibwert bei Wälzlagern nicht nur sehr klein ist, sondern auch fast unabhängig von der Geschwindigkeit, Belastung und Temperatur. Die Reibung beim Anfahren ist nur unbedeutend höher als diejenige im Betrieb. Abb. 50 zeigt die Reibwerte, Abb. 51 die Reibmomente und Abb. 52 die Temperatursteigerung der wichtigsten Lagerbauarten bei gleichen Betriebsverhältnissen unter günstigen Bedingungen.

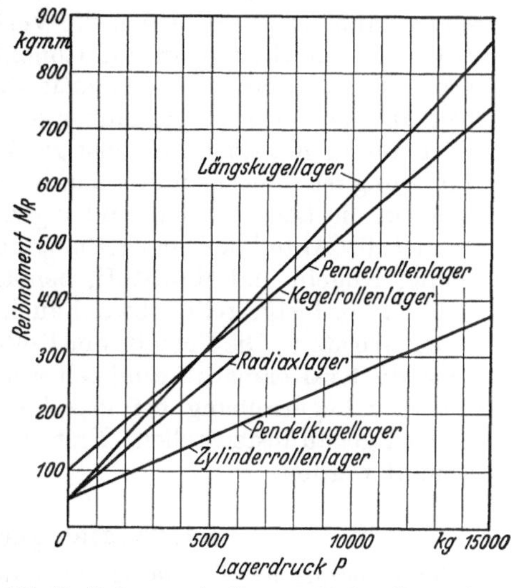

Abb. 51. Reibmomente für verschiedene Lagerarten der mittleren Reihe 100 mm Bohrung, bei günstigen Verhältnissen.

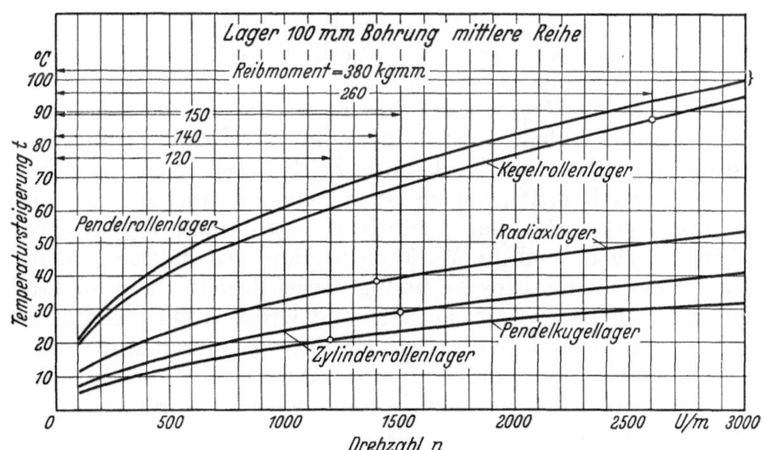

Abb. 52. Temperatursteigerung verschiedener Lagerarten in Abhängigkeit von der Drehzahl. Die Belastung nach dem SKF-Katalog Dd 1599 ist für jede Lagerart so gewählt, daß sich eine Lebensdauer von 4000 h ergibt, entspr. $s = 2$.

Voraussagen für eine bestimmte Kraftersparnis beim Einbau von Wälzlagern sind ungewöhnlich schwer, wenn nicht unmöglich, da in den meisten Fällen der Anteil der Lagerreibarbeit an der Gesamtarbeit nicht bekannt ist. Eine Schätzung oder Berechnung der Reibarbeit der Gleitlager ist unzulässig, da sie großen Schwankungen unterliegen kann. Wenn man Klarheit haben will, bleibt nichts anderes übrig als eine Untersuchung. Das Ergebnis läßt sich aber nicht ohne weiteres übertragen.

Des Interesses halber seien hier einige Beispiele angegeben, aus denen man ersehen kann, wie verschieden die Verhältnisse liegen können. Bei einer Walzenstraße, die von Gleitlagern auf Rollenlager umgebaut wurde, ergab sich eine Ersparnis von etwa 50% der Gesamtleistung. Die Ursache liegt darin, daß die Reibarbeit an sich hoch ist gegenüber der reinen Walzarbeit und gerade auf diesem Gebiet im allgemeinen ungünstige Verhältnisse für Gleitlager vorliegen. Die Schmierung ist schlecht und auch die Abdichtung mangelhaft, so daß Wasser und Zunder in die Lagerschalen eindringen können. Bei einer sog. Verbundmühle dagegen ist der Anteil der Gleitreibung gering, da die größte Energie zum Heben der Füllung, Kugeln und Mahlstoff, benötigt wird. Daher wurde nur eine Ersparnis von 5 . . . 8% festgestellt, obwohl auch hier die Gleitlager unter ungünstigen Umständen arbeiten. Die Vorteile der Rollenlager liegen hier auf ganz anderem Gebiet.

Soll die Kraftersparnis ermittelt werden, so ist es in erster Linie erforderlich, den Anteil der Lagerreibung bei verschiedenen Geschwindigkeiten und Belastungen möglichst genau festzustellen. Erst dann kann die mittlere Reibarbeit eines Lagers bestimmt werden.

1,4. Tragfähigkeit und Lebensdauer.

Die dynamische Tragfähigkeit eines Wälzlagers, d. h. die für eine gewisse Lebensdauer zulässige Belastung bei einer bestimmten Drehzahl ist abhängig

a) von den Festigkeitseigenschaften der Werkstoffe,
b) von der Schmiegung zwischen Rollkörper und Laufbahn,
c) von der Größe des Rollkörpers,
d) von der Anzahl der Rollkörper,
e) von der Druckrichtung,
f) von der Anzahl der Beanspruchungen je Umdrehung.

Der Einfluß dieser Faktoren wurde durch Versuche mit vielen Lagern verschiedener Form und Größe untersucht[1].

Der Ausfall eines Wälzlagers kann durch verschiedene Ursachen, z. B. mangelhafte Schmierung, Verschleiß, Rost, äußere Gewalt, Passungsfehler, Stromdurchgang oder durch Ermüdung des Werkstoffes an der höchstbelasteten Stelle, hervorgerufen werden. Der Begriff „Lebensdauer" soll sich aber nur auf die durch die Ermüdung des Werkstoffes hervorgerufene Begrenzung der Haltbarkeit oder Brauchbarkeit beziehen, weil die Wirkung der anderen Faktoren nicht berechnet werden kann. Eine weitere Einschränkung dieses Begriffes wird dadurch bedingt, daß die Laufzeit von Lagern gleicher Art und Größe unter gleichen Betriebsverhältnissen bis zum Eintritt der ersten Ermüdungserscheinung stark schwankt. Wenn diese „Streuung" auch im Laufe der Jahre durch Verbesserung des Werkstoffes und der Bearbeitung wesentlich herabgedrückt wurde, so beträgt sie zur Zeit doch noch etwa 1:40.

Um eine genügende Betriebssicherheit zu erreichen und eine unwirtschaftliche Bemessung der Lager zu vermeiden, wurde die „Lebensdauer" von Dr. PALMGREN[2] definiert als die Anzahl Umdrehungen, die von 90% aller Lager erreicht oder

---

[1] Siehe „Die Wälzlager" von W. JÜRGENSMEYER und das darin aufgeführte Schrifttum.

[2] Die Katalogangaben der SKF. sind der Niederschlag dieser Prüfungen. Es erübrigt sich daher an dieser Stelle, Angaben über die Berechnung der Tragfähigkeit des einzelnen Lagers zu machen. Auch über die statische Tragfähigkeit sind Angaben in den Katalogen der SKF. enthalten.

überschritten wird, bevor bei ihnen die erste wahrnehmbare Ermüdungserscheinung eintritt. Da aber dieser Punkt nicht so zuverlässig bestimmt werden kann wie die mittlere Lebensdauer, wurde der Begriff „Lebensdauer" später als $^1/_5$ der mittleren Lebensdauer festgelegt.

Infolge der unterschiedlichen Verhältnisse bei den einzelnen Lagerstellen müssen bei der Bestimmung der erforderlichen Lagergröße verschiedene Berechnungsverfahren verwendet werden.

Bei umlaufenden Lagern gilt allgemein die Lebensdauerformel

(1) $$L = \left(\frac{T}{P}\right)^3$$

darin bedeutet

L die Anzahl in Millionen Umdrehungen vor Eintritt der Ermüdung,
T die Tragfähigkeit des Lagers in kg für eine Lebensdauer von einer Million Umdrehungen,
P den ideellen Lagerdruck.

In den Tafeln über die Tragfähigkeit[1] wird der Wert für C_{15}, d. h. die relative Tragfähigkeit bei 15 U/min und für 500 Stunden Lebensdauer angegeben. Der ideelle Lagerdruck P errechnet sich aus der Formel

(2) $$P = x\,(P_r + y\,P_a)$$

darin bedeutet

P_r die vorhandene Radialbelastung in kg,
P_a die vorhandene Axialbelastung in kg,
x einen Koeffizienten für die Belastungsart,
y einen Koeffizienten für die Druckrichtung (Umrechnungsfaktor bei Axialdruck).

Wird ein Wälzlager während seiner Laufzeit durch verschiedene Kräfte bei wechselnden Drehzahlen belastet, so läßt sich aus der Lebensdauergrundgleichung zur Bestimmung der Gesamtzahl Umläufe bis zur Ermüdung

$$L = \frac{\text{Const}}{P^3}$$

eine konstante Belastung ermitteln, durch die das Lager bei einer konstanten Bezugsdrehzahl in gleicher Weise beansprucht wird, wie durch die in Wirklichkeit veränderlichen Betriebsverhältnisse. Es ist hierzu jedoch notwendig, außer der Belastung und der Drehzahl jedes Betriebszustandes auch dessen Anteil an der Laufzeit des Lagers zu kennen oder zu schätzen. Die Gesamtzahl Umläufe L ist ein Verhältniswert des Produktes $n \cdot t$, wenn n die Anzahl Umläufe je Zeiteinheit und t die Lebensdauer in Zeiteinheiten bezeichnet:

$$n \cdot t = \frac{\text{Const}}{P^3}\,.$$

Wirken nun die verschiedenen Lagerdrücke:

P_1 bei der Drehzahl n_1 während der Zeit t_1
P_2 „ „ „ n_2 „ „ „ t_2
P_3 „ „ „ n_3 „ „ „ t_3
. „ „ „ . „ „ „ .
P_n „ „ „ n_n „ „ „ t_n,

so ist eine konstante Belastung P_0, die bei einer Bezugsdrehzahl n_0 dieselbe rech-

[1] Siehe Tafel: Hauptmaße, Tragfähigkeit und Berechnungsverfahren. Herausgegeben von SKF.

nerische Lebensdauer t_0 ergibt, wie die veränderlichen Betriebszustände zusammen, aus folgender Gleichung zu errechnen:

$$P_0 = \sqrt[3]{\frac{t_1 \cdot n_1 \cdot P_1^3 + t_2 \cdot n_2 \cdot P_2^3 + \ldots + t_n \cdot n_n \cdot P_n^3}{t_0 \cdot n_0}}. \tag{3}$$

In dieser Gleichung muß die Bedingung erfüllt sein: $t_1 + t_2 + t_3 + \ldots + t_n = t_0$.

Zur Vereinfachung des Rechnungsganges werden die Verhältniswerte zwischen der Teillebensdauer $t_1, t_2, t_3 \ldots t_n$ und der Gesamtlebensdauer t_0 als Laufzeitanteile eingeführt:

$$\tau_1 = \frac{t_1}{t_0}, \quad \tau_2 = \frac{t_2}{t_0}, \quad \tau_3 = \frac{t_3}{t_0} \ldots \tau_n = \frac{t_n}{t_0}.$$

Außerdem empfiehlt es sich, die reduzierte konstante Belastung P_0 auf die Drehzahl $n_0 = 15$ U/min zu beziehen, so daß die Gleichung nachstehende Form erhält:

$$P_0 = \sqrt[3]{\tau_1 \frac{n_1}{15} \cdot P_1^3 + \tau_2 \frac{n_2}{15} P_2^3 + \tau_3 \frac{n_3}{15} P_3^3 + \ldots + \tau_n \frac{n_n}{15} P_n^3}. \tag{4}$$

Lager, die unter Stillstand oder bei unbedeutender Bewegung belastet werden, sind je nach den Verhältnissen verschieden zu berechnen. Wenn ein Lager nach einer Höchstbelastung im Stillstand normal umlaufen soll, dürfen vorher keine bleibenden Verformungen eingetreten sein. Der Grenzwert von P, bei welchem eine derartige Verformung beginnt, wird in den Tragfähigkeitstabellen mit C_0 oder Q_0 bezeichnet.

Bei Lagern, die nach der Höchstbelastung im Stillstand nicht umlaufen, sind bedeutende bleibende Verformungen an den Berührungsstellen der Rollkörper zulässig, ohne daß das Lager unbrauchbar wird. Der für diesen Fall in Betracht kommende Grenzwert, bei dem eine Bruchgefahr noch nicht besteht, liegt wesentlich höher als C_0.

2. Gestaltung der Lagerstellen.

2,1. Bestimmung der Lagergröße.

2,11. Ermittlung der äußeren Kräfte.

Aus den für die Lagerberechnung meist gegebenen Werten der Leistung N in PS und der Drehzahl n in U/min ergibt sich das Drehmoment M_d in kg · cm nach:

$$M_d = 71\,620 \cdot \frac{N}{n}. \tag{5}$$

Dieses Drehmoment wirkt in allen mechanisch beanspruchten Teilen einer Energieleitung und tritt als tangentiale Umfangskraft K_t überall da in Erscheinung, wo die mechanische Energie von einem in umlaufender Bewegung befindlichen starren Körper auf einen anderen Körper übergeleitet wird. Der die Energie aufnehmende Körper kann sowohl zur Weiterleitung als auch zur Umsetzung der Energie in nutzbare Arbeit dienen. Weiter kann die durch einen umlaufenden starren Körper geleitete mechanische Energie z. B. durch ein Zahnrad auf einen aus dem Gegenrad und seiner Welle gebildeten zweiten starren Körper, durch eine Schiffsschraube oder durch Kurbelwelle, Schubstangen und Kolben einer Pumpe auf eine Flüssigkeit, oder schließlich durch die energieleitenden Bauteile eines Verdichters bzw. durch eine Luftschraube auf einen gasförmigen Körper übergeleitet werden. Dieselbe Wirkung hat die zu übertragende mechanische Energie auf umlaufende starre Körper, wenn ihre Richtung sich umkehrt, was z. B. in Anlehnung an die genannten Anwendungsfälle bei einer Kolbenkraftmaschine, einer Turbine für Dampf, Gas oder Wasser, und bei einem Zahnradpaar lediglich bei umgekehrter Kraftrichtung der Fall ist. Immer sind die umlaufenden starren Elemente der Energieleitung zu *lagern*, d. h. gegen eine unbeabsichtigte Wirkung der äußeren Kräfte sicher zu führen und so abzustützen, daß bei ihrer Bewegung möglichst wenig Energieverluste entstehen können. Auf diese Weise wird die Leistung in Form von Kraft und Geschwindigkeit bzw. Drehmoment und Drehzahl praktisch unvermindert übertragen.

Die Größe der äußeren Kräfte ergibt sich aus der Art des jeweils vorliegenden Vorgangs der Energieumsetzung oder Energieleitung, z. B. aus Kolbendruck und Kolbenfläche, Förderhöhe und Fördermenge oder allgemein aus den jeweils auftretenden Widerständen und der Geschwindigkeit der Bewegung. Im folgenden soll ihre Ermittlung an dem Beispiel der Energieleitung über verschiedengestaltete Zahnradpaare näher erläutert werden.

Zahnräder. Wird eine Kraft von einem festen Körper auf einen anderen übertragen, so muß sie bezüglich ihrer Richtung und Größe beide Körper beeinflussen, da eine Kraft ohne Widerstand nicht wirksam werden kann. Dasselbe gilt natürlich auch für alle Komponenten dieser Kraft, die sich ergeben, wenn ihre Wirkung in bestimmten Richtungen untersucht werden soll. In Beziehung auf die beiden Körper sind also an der Kraftübertragungsstelle stets in jeder Wirkungslinie zwei gleichgroße und entgegengesetzt gerichtete Kräfte festzustellen. Wird dieses Gesetz des Gleichgewichtes der Kräfte auf kämmende Zahnräder angewendet, so ist es notwendig, eine eindeutige Festlegung des Richtungssinnes der Zahnkräfte vorzunehmen.

In den folgenden Betrachtungen sind stets die Kräfte dargestellt, die von den jeweiligen Zahnrädern ausgeübt werden. Damit gehören zu dem treibenden Rad eines Paares jeweils die aktiven bzw. treibenden Kräfte, die bei der üblichen Darstellung der Kräfte als Vektoren dadurch gekennzeichnet sind, daß ihr Richtungspfeil zu der gemeinsamen Bewegungsrichtung beider Verzahnungen gleichsinnig gerichtet ist. Dem getriebenen Rad dagegen sind stets die reaktiven bzw. widerstehenden Kräfte zugeordnet, deren Pfeil der gemeinsamen Bewegung und damit auch dem Drehsinn des betreffenden Rades entgegen zeigt. Durch diese Festlegung ergibt sich die einfachste Darstellung von Zahnrad und zugehörigen Kräften, ohne Überschneidung von Körper- und Kraftdarstellung. Ferner entfällt die Notwendigkeit einer gleichzeitigen Darstellung der Gegenräder und Gegenkräfte. Besonders wichtig ist die Festlegung für Vorgelege mit einem getriebenen und einem treibenden Rad. Zur Vereinfachung ist deshalb in den folgenden Bildern immer nur ein Rad mit seinen nach obiger Richtungsfestlegung zugeordneten Kräften dargestellt, für das Gegenrad gelten bei Beachtung des Richtungswechsels in bezug auf die Bewegungsrichtung genau dieselben Kräfte. Weiter ist zu beachten, daß die Reaktionen der Zahnkräfte, welche die Lagerung belasten, stets den äußeren Kräften entgegengerichtet sind.

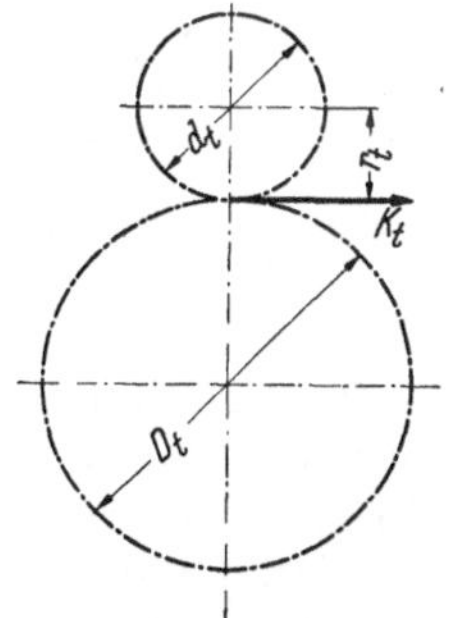

Abb. 53. Umfangskraft bei Zahnrädern.

Die Übertragung einer Leistung von dem treibenden auf das getriebene Rad eines Zahnradpaares hat die Lagerung beider Wellen zur Voraussetzung und ist eine in jedem Gebiet des Maschinenbaues häufig vorkommende Form der Energieleitung zwischen starren Körpern. Betrachtet man den Berührungspunkt der Teilkreise beider Räder eines Paares als den Angriffspunkt der Umfangskraft K_t der beiden Räder (Abb. 53), so ergibt sich diese aus dem Drehmoment eines Rades nach

Gl. (5) und seinem Teilkreishalbmesser

$$K_t = \frac{M_d}{r_t} = 2\frac{M_d}{d_t}. \tag{6}$$

Diese Umfangskraft K_t ist jedoch lediglich eine theoretische Kraft, die zur Erzeugung des Drehmoments mindestens notwendig ist. Sie darf nur in ganz roher Annäherung für die Bestimmung von Lagerdrücken zugrunde gelegt werden und nur mit Zuschlägen, deren Größenbestimmung sicher genug ist, um alle zusätzlichen Kräfte in ihrer Wirkung auf die Lager mit zu erfassen. Für eine genaue Berechnung ist es notwendig, die Resultierende sämtlicher Kräfte im Zahneingrif zu bestimmen, die bei jeder Verzahnung durch die Normalkraft K_n bestimmt ist, welche auf den Zahnflanken senkrecht steht und die bei der heute fast ausschließlich verwendeten Evolventenverzahnung mit der tangentialen Umfangskraft K_t einen konstanten Winkel β einschließt (Abb. 54). Dieser Winkel β ist der Zahnflankenwinkel, der die Neigung der Tangente an die Zahnflanke im Teilkreis gegen den Radius im gleichen Teilkreispunkt angibt.

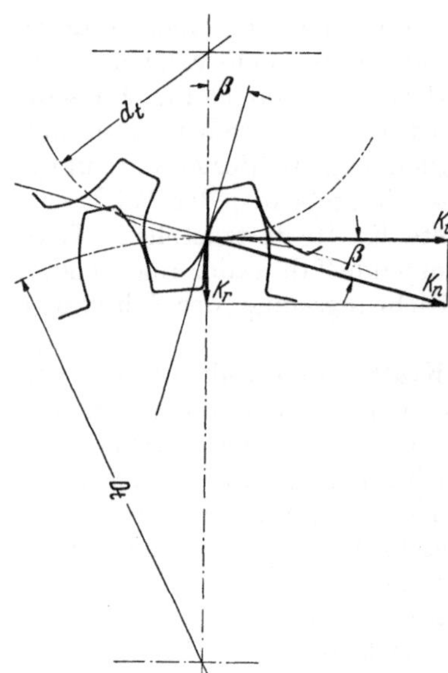

Abb. 54. Lage der Komponenten bei Stirnrädern mit Geradverzahnung.

Die Normalkraft im Eingriff

$$K_n = \frac{K_t}{\cos\beta} \tag{7}$$

ist einschließlich etwa erforderlicher Zuschläge als äußere Kraft in die Berechnung einer Zahnradlagerung einzusetzen. In vielen Fällen ist es zweckmäßig, nicht die Normalkraft K_n selbst zu bestimmen, sondern sie als Resultierende ihrer Komponenten zu betrachten, die in tangentialer, radialer und axialer Richtung, bezogen auf die Drehachse des Rades, bestimmt werden müssen.

Liegen die Zähne parallel zur Radachse, so hat die Normalkraft im Eingriff nur zwei Komponenten, und zwar wirkt die gegebene Kraft K_t in tangentialer Richtung, während

$$K_r = K_t \cdot \operatorname{tg}\beta \tag{8}$$

radial gerichtet ist.

Zur Erzielung eines ruhigen Ganges und günstiger Zahnflankenbeanspruchung werden *Stirnräder* häufig *mit schräggeschnittenen Zähnen* versehen. Die Zahnschräge γ ist der Winkel zwischen einer gemeinsamen Tangente an Zahnflanke und Teilzylinder des Rades und einer Mantellinie des Teilzylinders parallel zur Radachse (Abb. 55). Infolge dieser Schrägstellung tritt die Zahnnormalkraft K_n aus der Querschnittsebene des Rades heraus. Sie kann also in dieser nicht in ihrer absoluten Größe dargestellt werden, sondern erfordert eine schräge Projektion. Die Kraft K_n ist jedoch aus der gegebenen Umfangskraft K_t bestimmbar als Resultierende dreier Komponenten, die im Raume aufeinander senkrecht stehen und deren Richtung in Beziehung auf Radialebene und Achse des Rades durch Tangente und Radius des Teilkreises bestimmt ist. Diese drei Komponenten können aus K_t und den Winkeln β und γ abgeleitet werden. Da der Winkel β eine Konstruktionsgröße der Zahnform ist, liegt er in einer Normalebene der Verzahnung. Steht die Verzahnung schräg, so muß die Tangente an die Zahnflanke im Teilkreis einen größeren Winkel β' mit dem Radius bilden, dessen Tangenswert sich aus dem Schrägungswinkel γ und dem Normalflankenwinkel β bestimmen läßt (Abb. 55).

(9) $$\operatorname{tg}\beta' = \frac{\operatorname{tg}\beta}{\cos\gamma}.$$

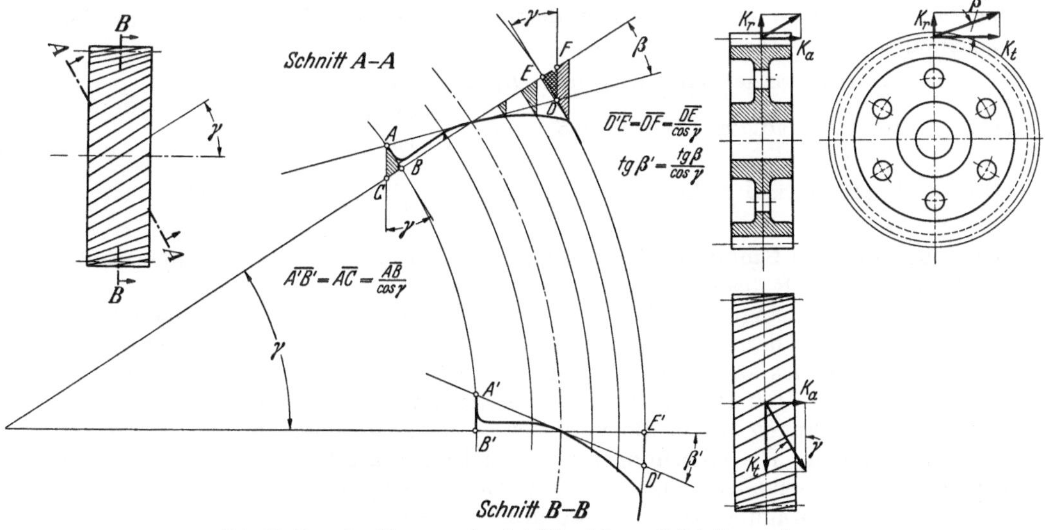

Abb. 55. Lage der Komponenten bei Stirnrädern mit Schrägverzahnung.

Die drei Komponenten der Normalkraft sind damit

in tangentialer Richtung: K_t (gegeben),

(10) in radialer Richtung: $K_r = K_t \cdot \frac{\operatorname{tg}\beta}{\cos\gamma}$,

(11) in axialer Richtung: $K_a = K_t \cdot \operatorname{tg}\gamma$.

Bei *Kegelrädern* sind die Kräfte für die Lagerberechnung in gleicher Weise wie bei Stirnrädern zu ermitteln (Abb. 56), es ist lediglich die Neigung des Zahnes gegen die Radachse um den halben Kegelspitzenwinkel α zu berücksichtigen. Die in der Ebene senkrecht zur Mantellinie des Teilkegels auftretenden Kräfte lassen sich durch eine schräge Projektion in einfacher Weise zur Darstellung bringen. Daraus geht hervor, daß die Zahnnormalkraft K_n zwar aus der Umfangskraft K_t lediglich mittels Division durch $\cos\beta$ zu bestimmen ist, sie liegt jedoch schräg im Raume, so daß ihre drei Komponenten durch Projektion in die jeweiligen Ebenen ermittelt werden müssen. Aus der Darstellung (Abb. 56) ergibt sich damit

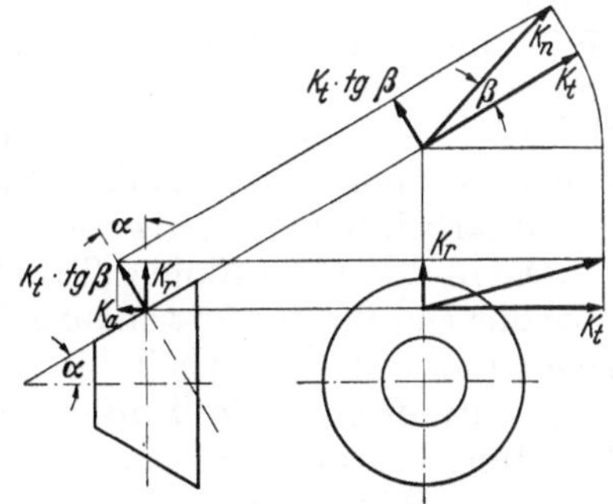

Abb. 56. Lage der Komponenten bei Kegelrädern.

Kraft in tangentialer Richtung: K_t (gegeben),

(12) Kraft in radialer Richtung: $K_r = K_t \cdot \cos\alpha \cdot \operatorname{tg}\beta$,

(13) Kraft in axialer Richtung: $K_a = K_t \cdot \sin\alpha \cdot \operatorname{tg}\beta$.

Die im Eingriff von *Kegelrädern mit Spiralverzahnung* auftretenden Kräfte ergeben sich durch eine Zusammenfassung der Überlegung für Kegelräder mit Geradverzahnung und Stirnräder mit Schrägverzahnung. Es treten hier also gleichzeitig zwei Radial- und zwei Axialkräfte auf, die sowohl gleich- als auch entgegengerichtet sein können. Dabei ist bei beiden Radial- und Axialkomponenten nur der gegenseitige Einfluß der Winkel aufeinander zu berücksichtigen. Die drei Komponenten der Zahnnormalkraft bei Spiralkegelrädern errechnen sich hiernach aus folgenden Gleichungen

Kraft in tangentialer Richtung: K_t (gegeben)

$$\text{(14)} \qquad \text{Kraft in radialer Richtung: } K_r = K_t \cdot \left(\frac{\cos\alpha \cdot \operatorname{tg}\beta}{\cos\gamma} \mp \sin\alpha \operatorname{tg}\gamma\right),$$

$$\text{(15)} \qquad \text{Kraft in axialer Richtung: } K_a = K_t \cdot \left(\frac{\sin\alpha \operatorname{tg}\beta}{\cos\gamma} \pm \cos\alpha \cdot \operatorname{tg}\gamma\right).$$

Bei rechtwinkligem Schnitt beider Radachsen ist die Radialkraft des einen Rades gleich der Axialkraft des Gegenrades und umgekehrt.

Die Zusammenhänge zwischen den Kräften, die bei sämtlichen behandelten Formen von Zahnrädern auftreten, lassen sich aus den Gleichungen der Kräfte für Spiralkegelräder rückläufig entwickeln, indem die Sonderfälle der jeweiligen Winkel eingesetzt werden. Danach ergeben sich die Gleichungen der Kräfte für Stirnräder mit Schrägverzahnung, wenn die Funktionen des Kegelspitzenwinkels für $\alpha = 0$ eingesetzt werden. Die Gleichungen für Kegelräder mit Geradverzahnung lassen sich ebenfalls aus den Gleichungen für Kegelräder mit Spiralverzahnung entwickeln, wenn der Zahnschrägungswinkel $\gamma = 0$ gesetzt wird und schließlich ist bei $\alpha = 0$ und $\gamma = 0$ die Radialkraft der Stirnräder mit Geradverzahnung zu ermitteln.

Die Errechnung von Zahnkräften aus Leistung und Drehzahl ergibt theoretische Werte, die in Wirklichkeit sowohl über- als auch unterschritten werden können. Ein Überschreiten der theoretischen Werte ist anzunehmen bei Dauerbetrieb und bei Verwendung von Zahnradpaaren gewöhnlicher Fertigung, bei denen naturgemäß mit wesentlich größeren Toleranzen für die Teilungs- und Zahnformgenauigkeit sowie für die Rundheit des Teilkreises und den zentrischen Lauf des Rades gerechnet werden muß, als bei Präzisionsrädern, bei denen jedes einzelne Paar einer sorgfältigen Maß- und Laufprüfung unterworfen wird. Die durch derartige *Zusatzkräfte* hervorgerufene Mehrbelastung der Lager wird berücksichtigt durch Multiplikation der theoretischen Zahnkräfte mit dem Zahndruckzuschlagfaktor f_z bzw. f_g, deren Größe von der Umfangsgeschwindigkeit der Räder im Teilkreis und von dem Gütegrad der Zahnbearbeitung abhängig ist.

Die in den Fluchtlinien (Tab. 2) enthaltenen Höchstwerte sollen nur als Richtlinie dienen. Bei der Anwendung der Zuschlagfaktoren ist zu beachten, daß dadurch eine zusätzliche Sicherheit für die Lagerbestimmung auch bei ungünstigstem Zusammentreffen aller der Einflüsse erreicht werden soll, die eine Erhöhung der Lagerbelastung hervorrufen können. Andererseits gibt es auch Fälle, in denen die tatsächliche Höhe des Lagerdruckes nicht die theoretischen Werte erreicht, wenn nämlich in der Energieleitung eine Leistungsreserve für die Überwindung kurzzeitig auftretender großer Widerstände berücksichtigt werden muß. Dies ist z. B. bei Fahrzeugantrieben die Regel, so daß es berechtigt erscheint, für die Lagerbelastung die Annahme zu machen, daß die Einflüsse der Belastungserhöhung durch mögliche Eingriffsungenauigkeiten und die Einflüsse der Belastungsverminderung durch die nur kurzzeitige Ausnutzung der vollen Nennleistung sich gegenseitig aufheben.

Riemen-, Band- und Seiltriebe bedingen wegen der notwendigen Vorspannung der Zugorgane eine Lagerbelastung, die ein Vielfaches der theoretischen Umfangskraft aus Leistung und Drehzahl beträgt. Die für solche Zugorgane geltenden Zuschläge sind daher im Gegensatz zum Zahndruckzuschlag immer einzusetzen, weil ein Riemen- oder Seiltrieb ohne Vorspannung keine Übertragungsfähigkeit besitzt.

Tabelle 2. Zuschlagfaktoren bei Zahnradgetrieben.

K_t = theoretische Umfangskraft, v = Umfangsgeschwindigkeit, m/s, P_r = radiale Lagerbelastung.

a) Räder mit einem Zahneingriff.

f_z Zuschlagfaktor

$$P_r = f_z \cdot K_t$$

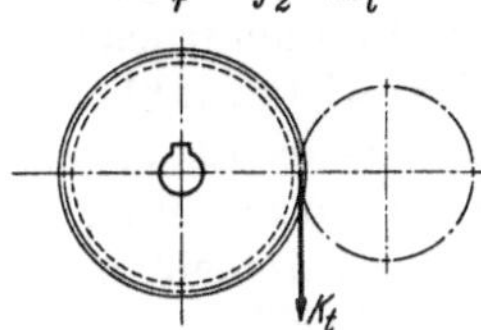

Abb. 57a.

Geschliffene schräge Zähne oder Winkelzähne

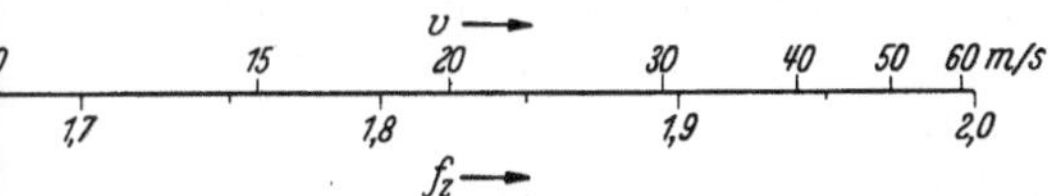

Gehobelte oder gefräste Zähne

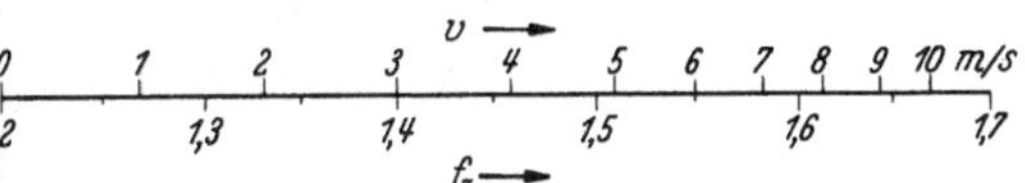

Gegossene, unbearbeitete Zähne

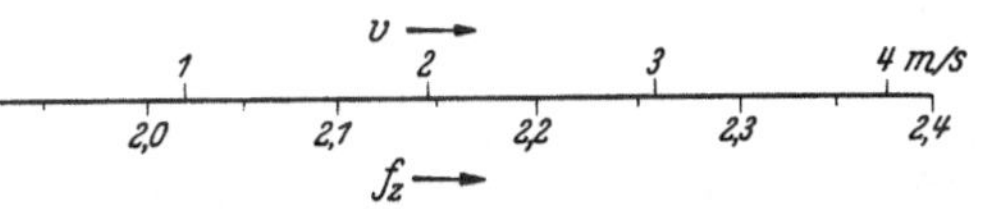

Bei Schrägverzahnung ist der theoretische Axialdruck mit f_z zu multiplizieren.

b) Räder mit zwei Zahneingriffen.

f_g = Zuschlagfaktor = $0{,}6 \cdot f_z \cdot \sqrt{f_z}$

$$P_r = f_g \cdot K_t$$

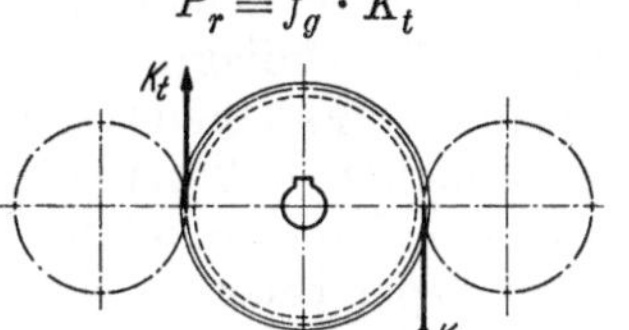

Abb. 57b

Geschliffene schräge Zähne oder Winkelzähne

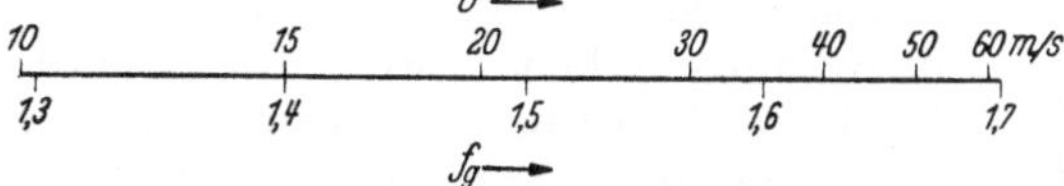

Gehobelte oder gefräste Zähne

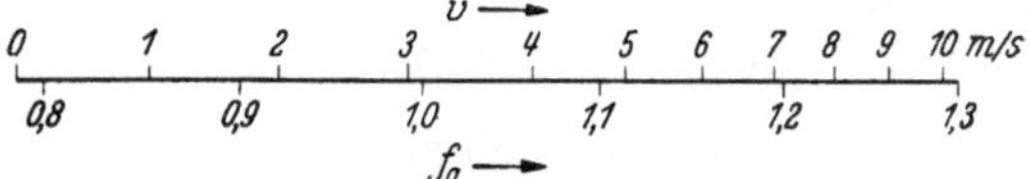

Die Resultierende der beiden statischen, radialen Zahndrücke ist = 0.

Bei Schrägverzahnung ist der theoretische Axialdruck mit f_z zu multiplizieren.

Sind die äußeren Kräfte K_t an beiden Zahneingriffen nach einer Seite gerichtet und der resultierende Axialdruck = 0, so ist der theoretische Axialdruck eines Eingriffes mit f_g zu multiplizieren und nach beiden Richtungen wirkend anzunehmen.

Die Vorspannungsfaktoren f_v für verschiedene Triebe sind nachstehender Tabelle zu entnehmen:

Tabelle 3. Vorspannungsfaktoren f_v bei Riemen-, Band- und Seiltrieben.

Zugorgane	f_v
Einfacher Lederriemen mit Spannrolle	2,5
Doppelter Lederriemen mit Spannrolle	3,5
Rohseidenriemen	4
Einfacher Lederriemen, Balata-Riemen, Gummiriemen, Stahlband bei Temperaturen unter 15° C	5
Doppelte Lederriemen, Kamelhaar- und Baumwollriemen, geflochtene Baumwoll- und Hanfriemen	6
Baumwoll- und Hanfseile bei horizontalem Betrieb mit mindestens 8 m Wellenabstand, Stahlband bei Temperaturen über 15° C	8
Baumwoll- und Hanfseile bei vertikalem Betrieb oder bei Wellenabständen unter 8 m	10

Kolbenmaschinen. Bei Kolbenkraftmaschinen wirken als äußere Kräfte die Zylinderdrücke und die Massenkräfte auf die Lager des Kurbeltriebs. Beide Kräfte treten unabhängig voneinander auf. Ihr Verlauf während einer Kurbelumdrehung ist durch das Indikatordiagramm und das Massendruckdiagramm festgelegt. Diese Diagramme können vor dem Entwurf der Maschine konstruiert und der Bemessung der Lager wie derjenigen aller anderen Bauelemente zugrunde gelegt werden. Es ist zu beachten, daß die Summe der gleichzeitig wirkenden Kräfte nach dem Kolbendruckdiagramm und dem Massendruckdiagramm ein Schaubild ergibt, das im Verlauf einer Umdrehung äußerst starke Kraftschwankungen zeigt.

Schnellaufende Kolbenmaschinen, vor allem Verbrennungskraftmaschinen, haben resultierende Druckdiagramme mit scharf ausgeprägten Spitzendrücken, die nur während eines sehr kleinen Kurbeldrehwinkels in voller Höhe wirksam bleiben. Es ist aber nicht möglich, daß bei jeder Umdrehung die kleine Stelle des Lagerinnenringes, die dem kleinen Drehwinkel der Kurbel unter der Spitzenlast entspricht, gerade von einem Rollkörper belaufen wird. Die Überrollungen ein und derselben Laufbahnstelle unter Höchstlast finden also nicht mit derselben Häufigkeit statt, wie die Umläufe der Welle, sondern seltener. Bei Verbrennungskraftmaschinen, die im Viertakt arbeiten, wird die Häufigkeit der Überrollungen unter Höchstbelastung darüber hinaus noch dadurch vermindert, daß der Kolben nur bei jeder zweiten Wellenumdrehung Arbeit leistet. Diese Verminderung der Anzahl Überrollungen unter Höchstlast wird berücksichtigt, indem für die Lagerberechnung

bei Zweitakt-Explosionsmotoren, schnellaufenden Dampfmaschinen und, wenn die Massenkräfte allein wirken oder die Massenkräfte die Zylinderdrücke wesentlich übersteigen . . . . $K = 0{,}6 \cdot K_{max}$

und bei Viertakt-Explosionsmotoren . . . . $K = 0{,}5 \cdot K_{max}$

als äußere Kraft eingesetzt wird.

K_{max} ist hierbei der Größtwert des resultierenden Druckdiagramms, der im allgemeinen im inneren Totpunkt des Kurbeltriebs als Differenz zwischen dem höchsten Verbrennungsdruck und dem bei derselben Kurbelstellung auftretenden Massendruck zur Auswirkung kommt.

Für Lager, die von mehreren Zylindern aus belastet werden, ist stets die Resultierende aller der Kräfte maßgebend, die gleichzeitig auftreten. Dabei ist je nach Stellung und Anzahl der Zylinder sowie nach dem Kurbelversetzungswinkel und der Zündfolge eine genaue Untersuchung durchzuführen. Allgemeingültige Angaben können hierzu nicht gemacht werden.

Je besser ein Kurbeltriebwerk durch Gegengewichte ausgewuchtet ist, um so geringer ist die Wirkung der Massenkräfte auf die Hauptlager. Da die Massenkräfte aber im inneren Totpunkt dem Zylinderdruck entgegenwirken, müssen die Hauptlager der Kurbelwelle höher als bei teilweisem oder fehlendem Massenausgleich belastet werden. Je höher nun aber die Drehzahl ist, um so besser muß einerseits die Welle ausgewuchtet sein, um so größer sind aber andererseits die Massenkräfte im Verhältnis zum Zylinderdruck. Dadurch erklärt es sich, daß bei schnellaufenden gut ausgewuchteten Kurbelwellen die Pleuellager bei gleicher Betriebssicherheit wesentlich schwächer als die Hauptlager bemessen werden können.

Elektromotoren. Als Ursachen für die äußeren Kräfte zur Bestimmung der Wälzlager für elektrische Maschinen kommen das Gewicht K_g des Läufers und der Welle, die Ungleichförmigkeit K_m der am ganzen Umfang des Läufers gleichsinnig wirkenden, magnetischen Umfangskraft, und schließlich die Belastung K_t der Welle durch Riemenscheibe oder Zahnrad in Frage. Es ist jedoch grundsätzlich falsch, die statischen oder theoretischen Werte dieser Kräfte ohne Beachtung der Eigenart der betreffenden Maschine und des Betriebes, für die sie bestimmt ist, für die Berechnung des Lagerdruckes zu benutzen. Da die Lageranordnung bei elektrischen Maschinen durchweg gleich ist und die für die Lagerbestimmung maßgebenden Kräfte von den statischen oder theoretischen Werten von K_g, K_m oder K_t abhängig sind, kann die Anwendung von Berechnungsfaktoren empfohlen werden, die der praktischen Erfahrung entnommen sind, und die als Richtwerte für die Berechnung der Lagerdrücke aus K_g, K_m und K_t dienen sollen.

Bezeichnet man die ungefähr im Schwerpunkt des Läufers angreifende äußere Querkraft mit K_1, so kann diese auf die gleichzeitige Wirkung der Schwerkraft K_g und der magnetischen Querkraft K_m zurückgeführt werden.

Das Läufergewicht K_g wird dabei wegen der unvermeidlichen Exzentrizität des Schwerpunktes mit einem Faktor f_e zu multiplizieren sein, dessen Größe je nach Lage der Wellenachse (waagerecht oder senkrecht) und je nach Auswuchtungsgrad und Drehzahl verschieden ist. Damit kann die im Läuferschwerpunkt angreifende Kraft aus:

$$K_1 = f_e \cdot K_g + K_m \tag{16}$$

berechnet werden.

Die an der Riemenscheibe oder am Ritzel wirkende Kraft K_2 läßt sich aus der theoretischen Umfangskraft $K_t = \frac{M_d}{r}$ bestimmen, indem diese mit dem Vorspannungsfaktor f_v für Riementrieb oder mit dem Zahndruckzuschlagsfaktor f_z multipliziert wird. Es gilt also

(17) für Antrieb oder Abtrieb durch Riemenscheibe $K_2 = f_v \cdot K_t$

(18) ,, ,, ,, ,, ,, Zahnrad $K_2 = f_z \cdot K_t$

,, ,, ,, ,, ,, Kupplung $K_2 = 0$.

Besonders zu beachten ist die Anwendung des Zahndruckzuschlagsfaktors für Bahnmotoren. Das Drehmoment dieser Maschinen wird errechnet aus der Stundenleistung und der Stundendrehzahl. Wie bei jedem Fahrzeugbetrieb sind die Fahrwiderstände und damit die von der Maschine abzugebende Leistung starken Schwankungen unterworfen, die bei der Lagerberechnung berücksichtigt werden müssen, indem besondere Zahndruckzuschlagsfaktoren für Bahnmotoren f_{zb} Anwendung finden.

Bei der Lagerwahl müssen auch Kräfte in Richtung der Wellenachse berücksichtigt werden. Diese entstehen bei ortsfesten Maschinen mit waagerechter Welle und Zahnradtrieb, wenn Schrägverzahnung vorgesehen ist; der Längsdruck ergibt sich also aus der Längskomponente des Zahndrucks und dem Zahndruckzuschlagfaktor:

$$P_a = f_z \cdot K_a\,. \tag{19}$$

Bei Bahnmotoren treten außerdem Massenkräfte in Längsrichtung auf, die durch Multiplikation des Läufergewichtes K_g mit einem Faktor f_d ermittelt werden, der diese dynamischen Kräfte berücksichtigt:

$$P_a = f_{zb} \cdot K_a + f_d \cdot K_g\,. \tag{20}$$

Richtwerte für die Berechnungsfaktoren zur Bestimmung der äußeren Kräfte für die Lager in elektrischen Maschinen sind in nachstehender Tab. 4 zusammengestellt.

Tabelle 4. Zuschlagfaktoren für elektrische Maschinen.

a) Ortsfeste Motoren und Generatoren.

Wellenachse	f_e	f_v			f_z
		Spannleisten	Spannrollen	Keilriemen	
Waagerecht	1 ... 1,5[1]	$3{,}5 + \frac{10}{100\frac{N}{n} + 5}$	3	3	Nach Umfangsgeschwindigkeit und Bearbeitungsgüte aus (Tab. 2)
Senkrecht .	0 ... 0,5[1]		3	3	

[1] Bei nicht dynamisch ausgewuchtetem Läufer.

b) Bahnmotoren.

Fall A: Motor in abgefedertem Rahmen eingebaut,
Fall B: Motor hängt zum Teil unmittelbar an der Achse.

		f_e	f_{zb}	f_d
Fernbahnen . . .	Fall A	1,8	$0{,}7 \cdot f_z$	0,4
	Fall B	2,2	$0{,}7 \cdot f_z$	0,6
Vorortbahnen . .	Fall A	2	$0{,}8 \cdot f_z$	0,5
	Fall B	2,4	$0{,}8 \cdot f_z$	0,7
Straßenbahnen .	Fall A	—	—	—
	Fall B	2,6	$0{,}9 \cdot f_z$	0,8

2,12. Berechnung der Lagerdrücke.

2,121. Querkräfte in einer Ebene. Wirkt eine Kraft zwischen den Lagerstellen (Abb. 58) dann ergeben sich die Lagerdrücke aus dem Hebelgesetz, indem die Gleichgewichtsbedingung für die jeweilige Lagerstelle und für die äußere Kraft aufgestellt wird. Das Gleichgewicht der Kräfte fordert, daß die Summe der Momente, bezogen auf die andere Lagerstelle gleich Null gesetzt wird. Zur Bestimmung der Belastung in Lagerstelle I muß sich also das Moment der äußeren Kraft K und des Lagerdruckes P_I bezogen auf Lagerstelle II gegenseitig das Gleichgewicht halten:

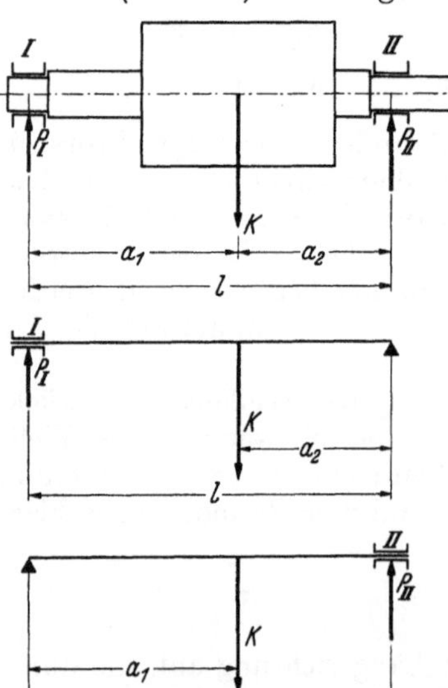

Abb. 58.

$$K \cdot a_2 + P_I \cdot l = 0\,,$$

$$P_I \cdot l = -K \cdot a_2\,,$$

$$P_I = -K \frac{a_2}{l}\,.$$

Für Lagerstelle II ergibt sich der Lagerdruck in gleicher Weise:

$$P_{II} = -K \frac{a_1}{l}\,.$$

Das negative Vorzeichen läßt erkennen, daß die Lagerdrücke P_I und P_{II} der äußeren Kraft K entgegen gerichtet sind. Diese Richtungsfestlegung ist nicht notwendig, wenn keine geometrische Addition der Lastanteile aus mehreren äußeren Kräften erforderlich ist.

Greift die äußere Kraft K außerhalb der Lager an (Abb. 59), so ist zu beachten, daß das Moment der Belastung des Lagers I, welches von der äußeren

Kraft abgewendet ist, und das Moment der äußeren Kraft entgegengesetzten Drehsinn haben muß. Werden beide Momente auf die Lagerstelle II neben der äußeren Kraft bezogen, so ergibt sich gleicher Richtungssinn für K und P_I.

$$P_I = +K\frac{a_2}{l}.$$

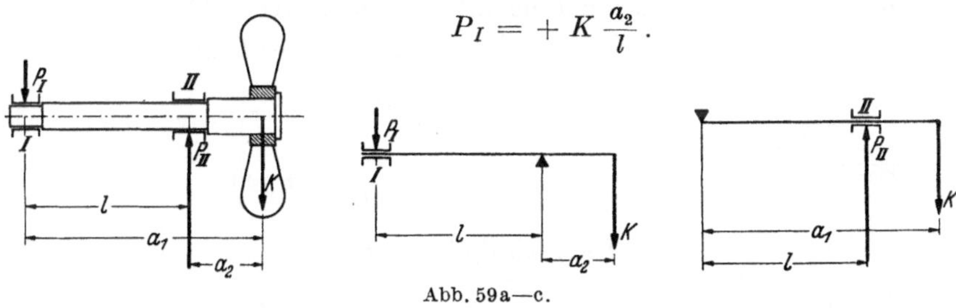

Abb. 59a—c.

Die Gleichgewichtsbedingung für Lagerstelle II dagegen erfordert:

$$P_{II} = -K\frac{a_1}{l}$$

und ergibt eine Belastung, die größer als die äußere Kraft sein muß, weil in diesem Fall auch $a_1 > l$ ist.

Wirken mehrere äußere Kräfte auf eine Welle in zwei Lagern (Abb. 60), so ist für jede Kraft die Bestimmung der Lagerdrücke durchzuführen. Die sich ergebenden Teilkräfte jeder äußeren Kraft in einem Lager sind unter Beachtung ihres Richtungssinnes zusammenzufügen.

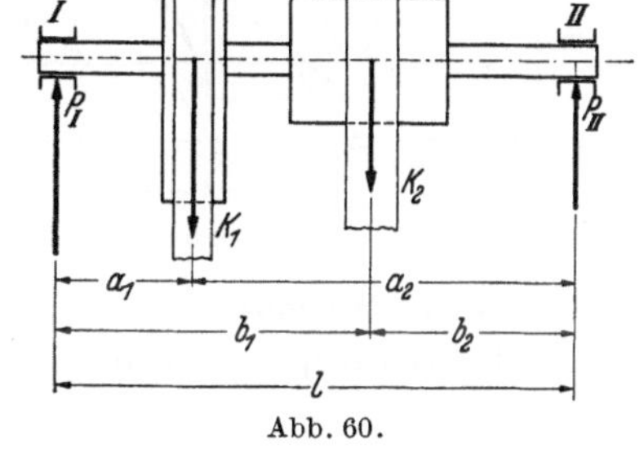

Abb. 60.

$$\left.\begin{aligned} P_{I1} &= -K_1\frac{a_2}{l} \\ P_{I2} &= -K_2\frac{b_2}{l} \end{aligned}\right\} P_I = P_{I1} + P_{I2},$$

$$\left.\begin{aligned} P_{II1} &= -K_1\frac{a_1}{l} \\ P_{II2} &= -K_2\frac{b_1}{l} \end{aligned}\right\} P_{II} = P_{II1} + P_{II2}.$$

Wenn die Richtung der äußeren Kräfte verschieden ist (Abb. 61), so ist ihr Richtungssinn gegenseitig festzulegen.

Es sei gegeben: $-K_1$, $+K_2$, $+K_3$,

$$\left.\begin{aligned} P_{I1} &= +K_1\frac{a_2}{l}, \\ P_{I2} &= -K_2\frac{b_2}{l}, \\ P_{I3} &= +K_3\frac{c_2}{l}, \end{aligned}\right\} P_I = P_{I1} - P_{I2} + P_{I3},$$

$$\left.\begin{aligned} P_{II1} &= +K_1\frac{a_1}{l} \\ P_{II2} &= -K_2\frac{b_1}{l} \\ P_{II3} &= -K_3\frac{c_1}{l} \end{aligned}\right\} P_{II} = P_{II1} - P_{II2} - P_{II3}.$$

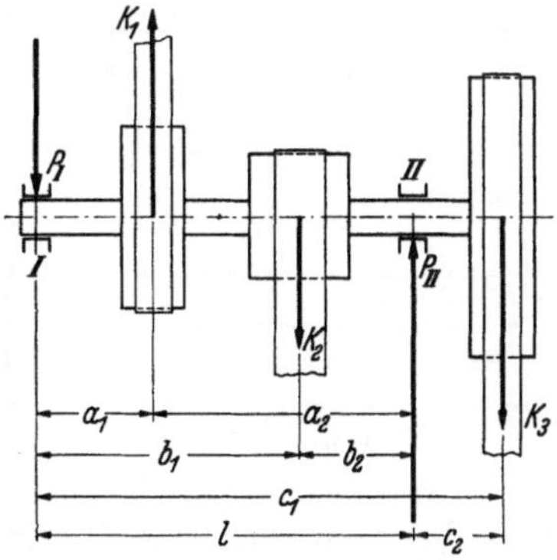

Abb. 61

2,122. Zusammenwirken von Radial- und Axialkräften. Radialkräfte verteilen sich nach den erläuterten Regeln stets auf *beide* Lager einer Welle im Verhältnis ihrer Abstände von den Lagerstellen. In Richtung der Achse wirkende Kräfte werden dagegen nur in *einer* Lagerstelle aufgenommen (Abb. 62).

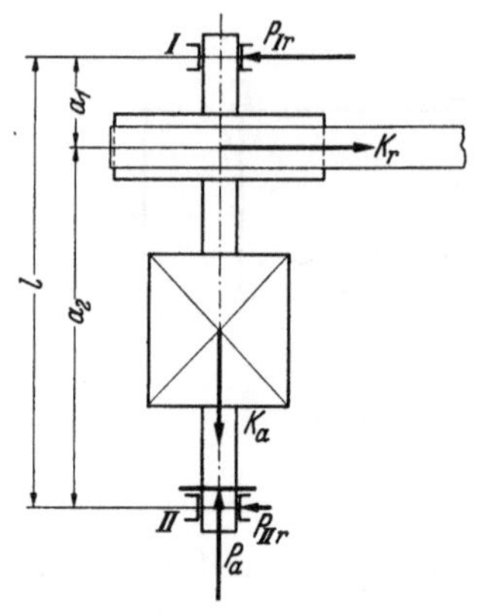

Abb. 62.

Die Radialbelastungen des Lagers sind:

$$P_{Ir} = K_r \frac{a_2}{l},$$

$$P_{IIr} = K_r \frac{a_1}{l}.$$

Die Axialbelastung ist:

$$P_a = K_a.$$

Nimmt ein Lager gleichzeitig die Axialkraft und eine Radialkraft, z. B. P_{IIr} auf, so ist die zusammengesetzte Belastung dieses Lagers:

$$P_{II} = P_{IIr} + y P_a.$$

y = Umrechnungsfaktor bei Axialdruck (s. Abschnitt 1,4).

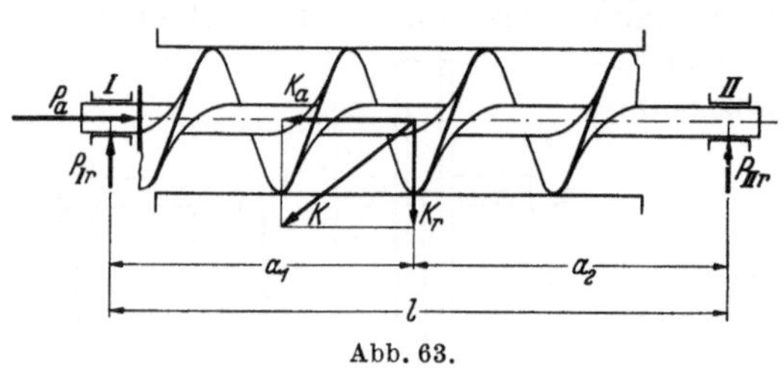

Abb. 63.

Eine schräg zur Welle wirkende Kraft, welche die Wellenachse schneidet, ist in ihrem Angriffspunkt an der Wellenachse in ihre Radial- und Axialkomponente K_r und K_a zu zerlegen (Abb. 63). Die Aufgabe kann dann in derselben Weise gelöst werden, wie die vorhergehende.

2,123. Kräftepaare. Ein symmetrisch zu den Lagerstellen an der Welle angreifendes Kräftepaar (Abb. 64) bedingt in den Lagern ein gegensinniges Kräftepaar mit gleichem Moment:

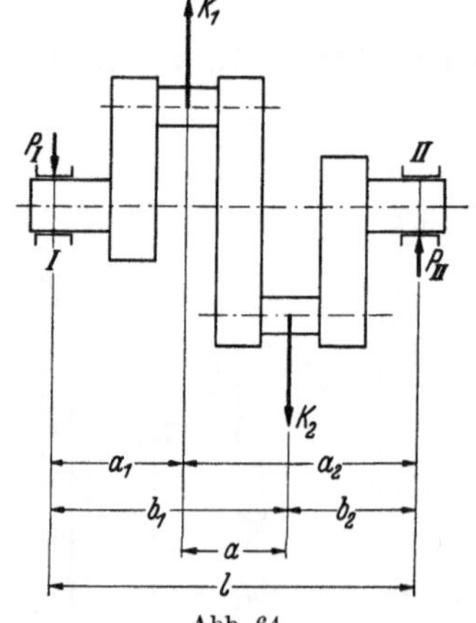

Abb. 64.

Voraussetzung:

$$K_1 = -K_2,$$

$$a_1 = b_2,$$

$$a = l - (a_1 + b_2),$$

dann ist: $$P_I = -P_{II} = K \frac{a}{l}.$$

2,124. Kräfte in beliebiger Richtung. Wenn die Resultierende der äußeren Kräfte nicht durch die Wellenachse geht, so wird zweckmäßig eine Zerlegung in drei Komponenten vorgenommen. Die Achsen des dreidimensionalen Koordinatensystems werden in folgender Weise bestimmt:

Der Kraftangriffspunkt (z. B. Eingriffsmitte zweier Zahnräder) und die Wellenachse bestimmen eine Ebene, in der eine Radialkraft K_r und eine Axialkraft K_a wirken.

Die senkrecht auf der durch K_r und K_a gegebenen Ebene stehende Komponente ist die tangentiale Umfangskraft K_t, deren senkrechter Abstand von der Achse der Hebelarm r des Drehmomentes der äußeren Kraft ist.

Die radiale Kraft K_r wirkt auf die Lager in derselben Weise wie in Abschnitt 2,121 angegeben.

Die axiale Kraft K_a bedingt in dem Festlager oder dem Längslager der zu lagernden Welle eine entgegengesetzt gerichtete, gleiche Axialkraft P_a, die mit K_a ein Kräftepaar bildet, dessen Moment als *Kipp*moment zusätzliche, einander entgegengerichtete Radialkräfte hervorruft.

Die Tangentialkraft K_t bildet mit der Summe der Lagerbelastungen in einer senkrecht zur Achse stehenden Ebene als Kräftepaar das *Dreh*moment; die Lagerreaktionen dieser Komponente errechnen sich aus den Abständen der Lager von dieser Ebene.

Reine Radialkräfte bei einem Zahnräderpaar (Abb. 65). Gegeben: K_t = tangentiale Umfangskraft aus N, n und r_t, β = Zahnflankenwinkel.

$$K_n = K_t \cdot \frac{1}{\cos\beta},$$

$$P_I = K_n \cdot \frac{a_2}{l},$$

$$P_{II} = K_n \cdot \frac{a_1}{l}.$$

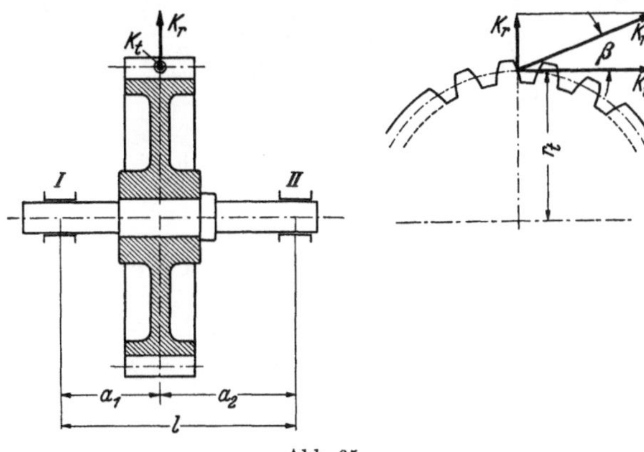

Abb. 65.

Reine Radialkräfte bei einem Zahnradvorgelege mit einem Antrieb und Abtrieb in einer Ebene mit der Hauptachse.

a) Antrieb und Abtrieb liegen sich gegenüber (Abb. 66).

$$K_{n1} = K_{t1} \cdot \frac{1}{\cos\beta_1},$$

$$K_{n2} = K_{t2} \cdot \frac{1}{\cos\beta_2},$$

$$P_{I1} = K_{n1} \cdot \frac{a_2}{l},$$

$$P_{I2} = K_{n2} \cdot \frac{b_2}{l},$$

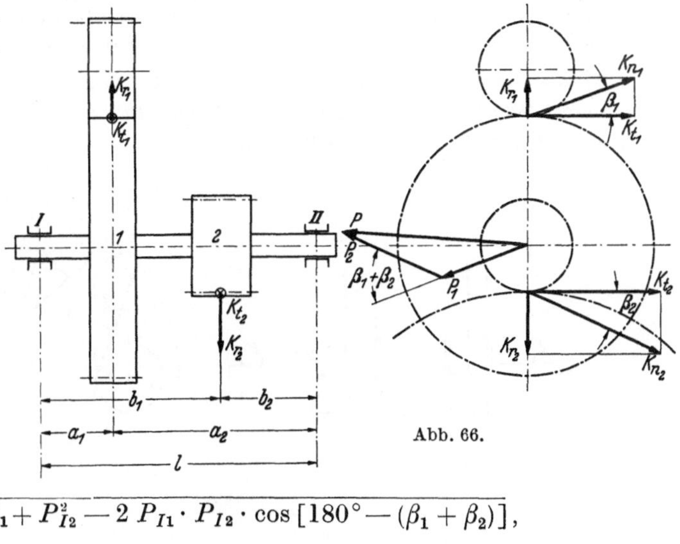

Abb. 66.

$$P_I = \sqrt{P_{I1}^2 + P_{I2}^2 - 2\,P_{I1} \cdot P_{I2} \cdot \cos\,[180° - (\beta_1 + \beta_2)]},$$

$$\cos\,[180° - (\beta_1 + \beta_2)] = -\cos\,(\beta_1 + \beta_2),$$

$$P_I = \sqrt{P_{I1}^2 + P_{I2}^2 + 2\,P_{I1} \cdot P_{I2} \cdot \cos\,(\beta_1 + \beta_2)},$$

P_{II} ergibt sich in gleicher Weise aus P_{II1} und P_{II2}.

Die arithmetische Addition ergibt größere Werte als die geometrische, bedingt also eine zusätzliche Sicherheit.

$$P_I < P_{I1} + P_{I2}.$$

b) Antrieb und Abtrieb liegen auf einer Seite (Abb. 67).

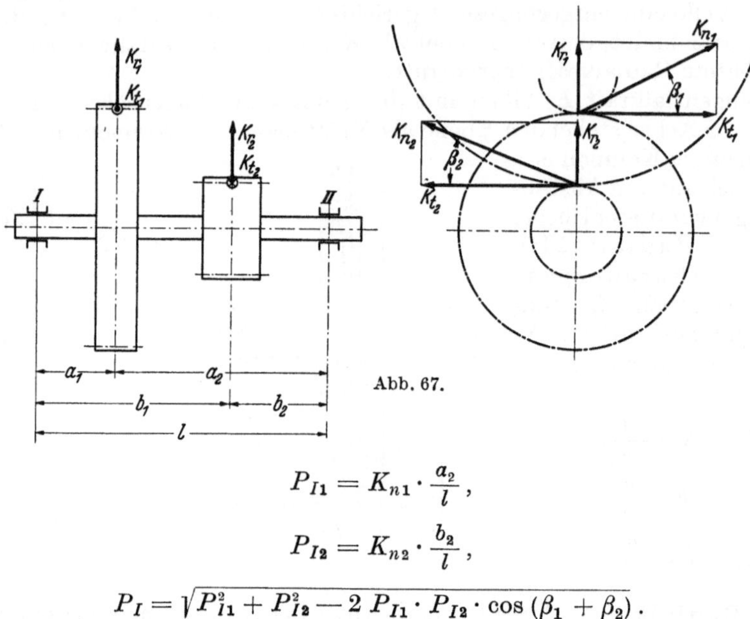

Abb. 67.

$$P_{I1} = K_{n1} \cdot \frac{a_2}{l},$$

$$P_{I2} = K_{n2} \cdot \frac{b_2}{l},$$

$$P_I = \sqrt{P_{I1}^2 + P_{I2}^2 - 2\,P_{I1} \cdot P_{I2} \cdot \cos(\beta_1 + \beta_2)}.$$

P_{II} ergibt sich in gleicher Weise aus P_{II1} und P_{II2}.

Die arithmetische Addition ergibt kleinere Werte als die geometrische. Die erstere darf daher für die Lagerbestimmung *nicht* benutzt werden.

Zwei Zahneingriffe um einen Winkel gegeneinander versetzt.

a) Versetzungswinkel ε entgegen dem Drehsinn (Abb. 68).

P_1 und P_2 für I und II wie bei Abb. 66.

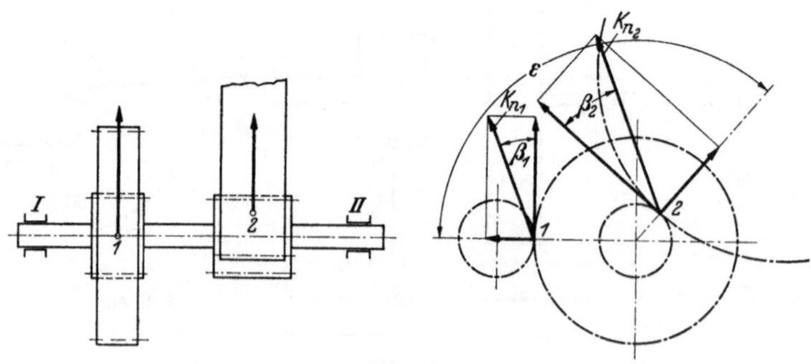

Abb. 68.

$$P = \sqrt{P_1^2 + P_2^2 - 2\,P_1 P_2 \cdot \cos(\varepsilon + \beta_1 + \beta_2)}.$$

$\varepsilon = 90°$: $\quad P = \sqrt{P_1^2 + P_2^2 + 2 \cdot P_1 P_2 \cdot \sin(\beta_1 + \beta_2)}$,

$\varepsilon = 90°$ und $\beta_1 = \beta_2 = 15°$: $P = \sqrt{P_1^2 + P_2^2 + P_1 \cdot P_2}$.

b) Versetzungswinkel ε im Drehsinn (Abb. 69).

Sonderfälle: $P = \sqrt{P_1^2 + P_2^2 - 2\, P_1 P_2 \cdot \cos[\varepsilon - (\beta_1 + \beta_2)]}$.

$\varepsilon = 90°$: $P = \sqrt{P_1^2 + P_2^2 - 2\, P_1 P_2 \sin(\beta_1 - \beta_2)}$,

$\varepsilon = 90°$ und $\beta_1 = \beta_2 = 15°$: $P = \sqrt{P_1^2 + P_2^2 - P_1 \cdot P_2}$.

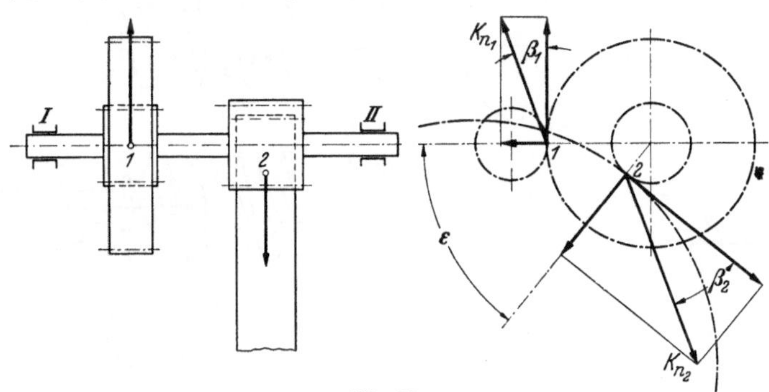

Abb. 69.

Reine Radialkräfte bei einem Zahnradvorgelege mit zwei gegenüberliegenden Antrieben oder Abtrieben (Abb. 70). Trotz äußerlicher Gleichheit der Anordnung mit Abb. 66 wirken die Normalkräfte in beiden Eingriffen entgegengesetzt, weil beide Umfangskräfte im gleichen Drehsinn wirken:

$$P = \sqrt{P_1^2 + P_2^2 - 2\, P_1 P_2 \cos(\beta_1 - \beta_2)}.$$

Wenn $\beta_1 = \beta_2$, wird $\cos(\beta_1 - \beta_2) = \cos 0° = 1$ und damit $P = P_1 - P_2$.

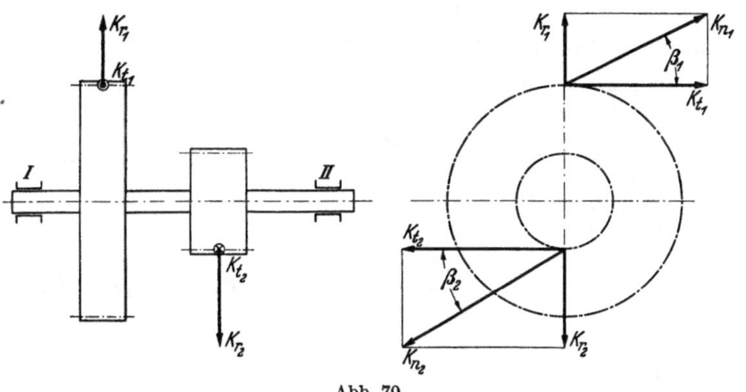

Abb. 70.

Radial- und Axialkräfte. *Angriffspunkt der Kräfte zwischen den Lagerstellen* (Abb. 71 u. 72). Wegen des Momentes $K_a \cdot r_t$ werden bei diesen Aufgaben die Lagerdrücke aus den Teilkräften der Normalkraft in tangentialer, radialer und axialer Richtung errechnet und für jedes Lager die geometrische Summe gebildet; dabei ist der Richtungssinn der Kräfte und die Wirkungsebene der Momente zu beachten:

$$P_{It} = K_t \frac{a_2}{l}, \qquad P_{Ir} = K_r \frac{a_2}{l},$$

$$P_{Ia} = K_a \frac{r_t}{l}.$$

Die auf Lager I wirkenden Momente der äußeren Kräfte in bezug auf Lager II liegen in derselben Ebene und wirken gleichsinnig. P_{Ir} und P_{Ia} sind also zu addieren:

$$P_I = \sqrt{P_{It}^2 + (P_{Ir} + P_{Ia})^2},$$

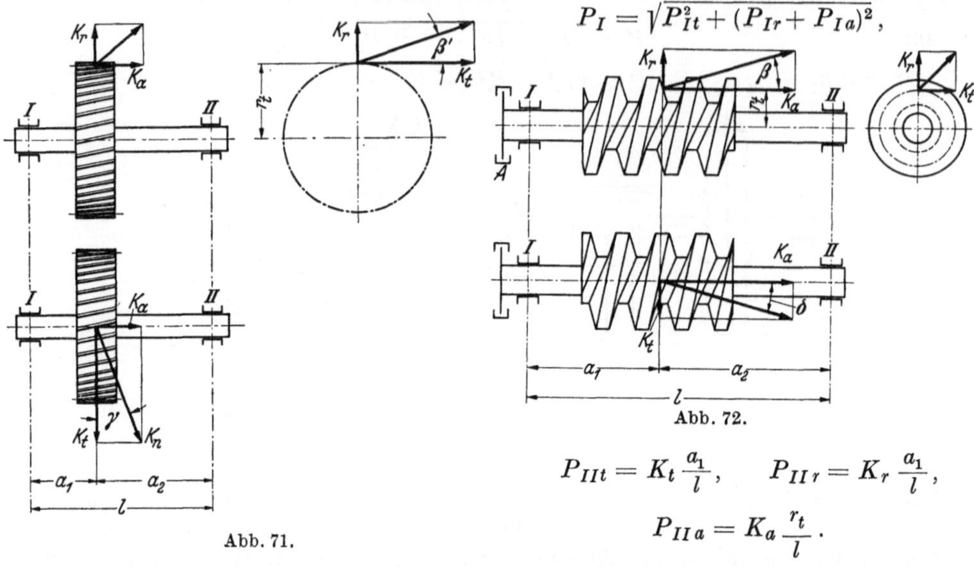

Abb. 71.

Abb. 72.

$$P_{IIt} = K_t \frac{a_1}{l}, \qquad P_{IIr} = K_r \frac{a_1}{l},$$

$$P_{IIa} = K_a \frac{r_t}{l}.$$

Die auf Lager II wirkenden Momente der äußeren Kräfte in bezug auf Lager I wirken entgegengesetzt. P_{IIr} und P_{IIa} sind also voneinander abzuziehen:

$$P_{II} = \sqrt{P_{IIt}^2 + (P_{IIr} - P_{IIa})^2},$$

$$P_a = K_a.$$

Angriffspunkt der Kräfte außerhalb der Lagerstellen (Abb. 73).

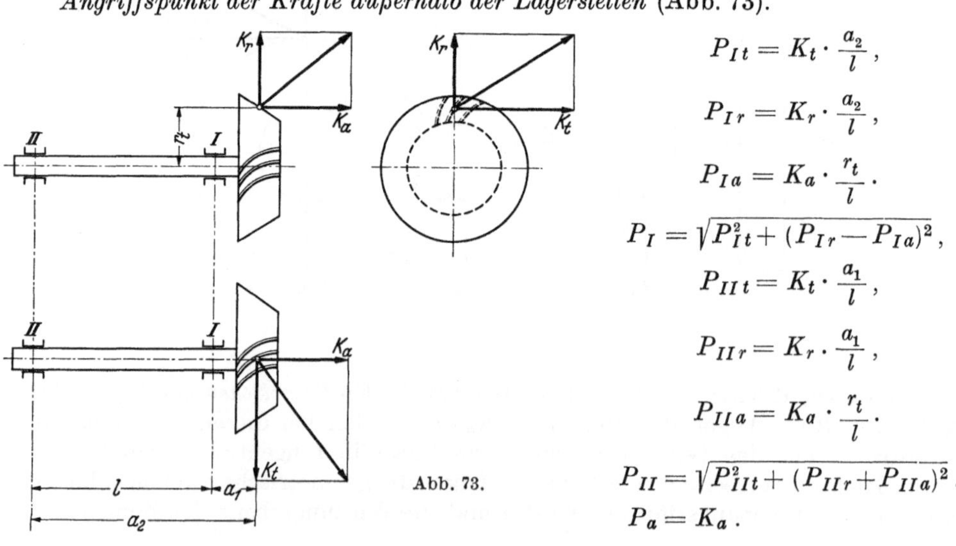

Abb. 73.

$$P_{It} = K_t \cdot \frac{a_2}{l},$$

$$P_{Ir} = K_r \cdot \frac{a_2}{l},$$

$$P_{Ia} = K_a \cdot \frac{r_t}{l}.$$

$$P_I = \sqrt{P_{It}^2 + (P_{Ir} - P_{Ia})^2},$$

$$P_{IIt} = K_t \cdot \frac{a_1}{l},$$

$$P_{IIr} = K_r \cdot \frac{a_1}{l},$$

$$P_{IIa} = K_a \cdot \frac{r_t}{l}.$$

$$P_{II} = \sqrt{P_{IIt}^2 + (P_{IIr} + P_{IIa})^2}.$$

$$P_a = K_a.$$

2,13. Bestimmung des Lebensdauerfaktors.

Die Lebensdauer der Lager muß sich nach der Haltbarkeit oder der normalen Gebrauchsdauer der Maschine oder des Fahrzeuges richten. Ein Lager eines Automobils braucht keine längere Lebensdauer zu besitzen als der Wagen selbst. Es kann sogar als befriedigend betrachtet werden, wenn dieses an sich unbedeutende, billige Element während der Gebrauchsdauer des Fahrzeuges einmal ersetzt werden müßte.

Schienenfahrzeuge erreichen eine wesentlich längere Gebrauchszeit als Automobile. Es ist daher notwendig, bei der Auswahl der Lagergröße auf diesen Umstand Rücksicht zu nehmen und die Lebensdauer im Mittel so zu bemessen, daß wenigstens annähernd die Gebrauchszeit des Fahrzeuges erreicht wird. Man kommt dadurch zu verhältnismäßig größeren Lagern als bei Automobilen, je nach der jährlichen Fahrstrecke des einen oder anderen Fahrzeuges.

Bei Luftfahrzeugen rechnet man im Gegensatz zu Straßen- und Schienenfahrzeugen mit einer außerordentlich geringen Gebrauchsdauer. Da für die Motoren heute bis zur ersten Revision eine Laufzeit von 500—600 Stunden vorgesehen ist, genügt es, diese Zeit als Lebensdauer zugrunde zu legen, auch mit Rücksicht auf die Gewichtsersparnis. Auf der anderen Seite steht aber die Forderung, während dieser Zeit eine möglichst absolute Betriebssicherheit zu erreichen, da eine Lagerzerstörung eine Notlandung zur Folge haben kann und damit Lebensgefahr für Menschen bedeutet.

Die Sicherheit eines Schiffes ist davon abhängig, daß ein solches Fahrzeug seine Manövrierfähigkeit behält. Deshalb muß die Lagerung der Schraubenwelle mit großer Sorgfalt und für eine hohe Lebensdauer durchgebildet werden.

Bei Papiermaschinen hat der Ausfall eines einzigen Lagers zur Folge, daß die ganze Maschine stundenlang oder tagelang stillsteht. Die Unkosten für den Ersatz des Lagers spielen nur eine untergeordnete Rolle; wichtiger ist der Verlust, der durch den Produktionsausfall eintritt. Es ist daher notwendig, die Lager für solche Maschinen mit hoher Sicherheit, also langer Lebensdauer auszuwählen und auch auf die Ausbildung aller anderen die Betriebssicherheit beeinflussenden Faktoren größten Wert zu legen. Ähnlich liegen die Verhältnisse bei allen Maschinen, von denen die Produktion eines Betriebes abhängt.

Bei vielen anderen Lagerstellen hat die Beschädigung eines Lagers und damit die zeitweise Stillsetzung keine großen Unkosten zur Folge. Förderwagen z. B. sind gewöhnlich in so großer Anzahl vorhanden, daß der Ausfall eines Wagens keine Betriebsstörung bedeutet. Bei vielen Landmaschinen wird, abgesehen von den Kosten, nur eine Zeitversäumnis hervorgerufen, wenn das Auswechseln eines Lagers vorgenommen werden muß. Es ist auch ein Unterschied, ob ein Motor zum Antrieb der Pumpe eines Wasserwerks dient und damit die Versorgung einer ganzen Stadt von der Funktion eines Lagers abhängen kann oder ob ein Motor zur Betätigung eines Staubsaugers verwendet wird, bei dem ein zeitweiliger Stillstand nur als unbequem empfunden wird.

Die mit einer Lagerzerstörung zusammenhängenden Folgen sind also sehr verschieden. Bei einem Automobil ermöglicht die Organisation des Kraftwagenverkehrs mit den weit verzweigten Reparaturwerkstätten und Lagerstocks einen verhältnismäßig schnellen Ersatz. Der Schaden besteht aus den Kosten für das Lager und den Arbeitsstunden, abgesehen von dem oft unbedeutenden Zeitverlust. Wenn aber Menschenleben in Gefahr kommen oder außerordentlich kostspielige Verzögerungen eintreten können, wie bei Luftfahrzeugen, Schiffen und den Fahrzeugen der Straßenbahnen und Vollbahnen, dann ist auf diesen Umstand bei der Auswahl der Lagergröße in erster Linie Rücksicht zu nehmen.

Bevor mit der Festlegung der Lager überhaupt begonnen wird, muß daher geklärt werden, welche Anforderungen an die Maschine oder das betreffende Maschinenteil gestellt werden, damit bei der Bestimmung der Lagergröße die wirklich notwendige Lebensdauer zugrunde gelegt wird. Keinesfalls ist es richtig, nur von der verlangten Garantiezeit auszugehen. Diese ist im allgemeinen gegenüber der wünschenswerten oder wirtschaftlichen Lebensdauer viel zu gering.

Es darf nicht vergessen werden, daß sich die Angaben über Lebensdauer nur auf 90% der Lager beziehen, 10% der Lager können vor dieser Zeit ausfallen. In vielen Fällen ist auch die tatsächlich auftretende Belastung einschließlich aller Zusatzkräfte nicht oder nicht genügend bekannt. Die Drehzahl mit ihren Schwankungen ist im allgemeinen genau bekannt oder leicht zu ermitteln. In vielen Fällen müssen aber Untersuchungen angestellt werden, um die tägliche oder jährliche Betriebszeit genau zu erfassen. Man sollte jedoch keine Mühe scheuen, diese Verhältnisse klarzustellen, weil sie für die Auswahl der Lager von bestimmendem Einfluß sind. Es genügt nicht, nur die Belastung zugrunde zu legen und überschlägig die Betriebszeit zu schätzen, weil leicht große Fehler gemacht werden können. So wird z. B. niemand erwarten, daß die mittlere Laufstrecke eines Güterwagens der Reichsbahn je Jahr nur etwa 30 000 km beträgt, während die eines Schnellzugwagens zwischen 100000 und 150000 km liegt. Bei gleicher Belastung und gleicher Lagergröße würde also zwischen der Lebensdauer ein Verhältnis von 1:4 bis 1:5 bestehen. Aus diesem Beispiel geht hervor, daß mit Rücksicht auf eine genügende Lebensdauer und wirtschaftliche Lagerauswahl die tatsächliche Betriebszeit in jedem Einzelfall untersucht werden muß. Schwierig liegen die Verhältnisse bei Maschinen, die für sehr verschiedenartige Betriebe benutzt werden. Die normalen Drehstrommotoren werden in Serien hergestellt. Es kann nicht immer geprüft werden, in welchem Betrieb und für welchen Antrieb der eine oder andere Motor aufgestellt werden soll. Es ist daher nicht möglich, die Lagerung dem Einzelfall anzupassen. Deshalb müssen von vornherein diejenigen Lager Verwendung finden, die auch bei ungewöhnlicher Ausnutzung eine genügende Lebensdauer ergeben.

Da zwischen der Lebensdauer L in Anzahl Millionen Umdrehungen, dem Lagerdruck P und der Tragfähigkeit T die Funktion besteht

$$L = \left(\frac{T}{P}\right)^3,$$

bedingt eine kleine Erhöhung der Belastung eine erhebliche Verringerung der Lebensdauer. Die tatsächlich auftretende Belastung sollte daher möglichst genau berechnet oder erforscht werden. Auf vielen Gebieten liegen die Verhältnisse klar, auf anderen dagegen sind genaue Untersuchungen erforderlich. Oft ist es schwer, die Drücke auch nur annähernd richtig zu schätzen. Man darf nie vergessen, daß die Streuung der Lebensdauer bei gleichen Lagern unter gleichen Verhältnissen etwa 1:40 beträgt. Wenn daher einige Lager eine genügend lange Lebensdauer erreichen, ist dies kein Beweis dafür, daß die Lagergröße wirklich als zweckmäßig angesehen werden kann. Man läuft jedenfalls Gefahr, sich sowohl im günstigen als auch im ungünstigen Sinne zu täuschen. Eine wirklich richtige Beurteilung über die zweckmäßige Auswahl ist erst bei einer großen Anzahl von Lagern und nach vielen Jahren möglich, wenn der Zustand der Ermüdung erreicht wird. Außerdem fehlt meistens die Kenntnis über die wirkliche Laufzeit, weil der Fabrikant seine Maschinen aus dem Auge verliert, es sei denn, daß die Lager schon innerhalb der Garantiezeit infolge Ermüdung versagen. Wegen der im allgemeinen langen Lebensdauer der Lager können auch von dem Abnehmer der Maschine selten zutreffende Angaben über die Bewährung gemacht werden, da die wirkliche Laufzeit nicht genügend scharf kontrolliert wird. Man sollte daher schon bei der Auswahl der Lager eine möglichst genaue Bestimmung der Lagerdrücke nach Größe, Richtung und Dauer vornehmen.

2,2. Führung der Welle oder des Gehäuses.

2,21. Radiale Führung.

Die Wälzlager haben nicht nur den Zweck, die Betriebsbelastung zu übertragen, sondern auch die Aufgabe, die Führung der Welle oder der umlaufenden Räder, Rollen oder Scheiben zu übernehmen. Dabei muß in jedem Falle auf die verschiedenartigen Betriebsverhältnisse Rücksicht genommen werden, um den gestellten Anforderungen bei möglichst langer Lebensdauer zu genügen unter weitgehender Anpassung an die durch die Bauart der Maschinen und ihre Wirkungsweise gegebenen Bedingungen. Die radiale Führung der Welle oder des Gehäuses ist abhängig von dem Betriebsspiel der Lagerung als Folge des Radialspiels der Lager im Betriebszustand, der Luft der Laufringe auf der Welle oder im Gehäuse und der Federung des Gehäuses und der Unterlage sowie der Biegung der Welle. Das Gesamtspiel muß je nach den Betriebsbedingungen bemessen werden. Im allgemeinen ist lediglich dafür zu sorgen, daß das Radialspiel innerhalb gewisser Grenzen liegt, weil zu starke Vorspannung oder zu großes Spiel die Tragfähigkeit beeinträchtigt. Das richtige Führungsspiel wird entweder durch toleranzhaltige Bearbeitung der Teile oder durch Anstellung erreicht. In dem ersteren Fall ist die Passung und die Lagerluft entsprechend aufeinander abzustimmen. In dem zweiten Fall ergibt sich das Führungsspiel aus der Handhabung beim Einbau.

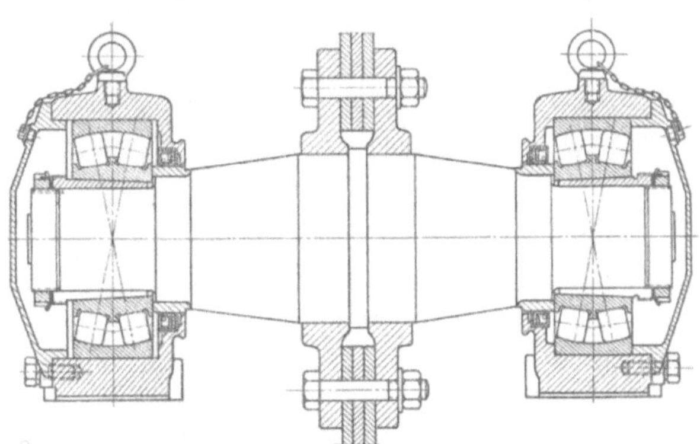

Abb. 74. Stehlager für eine Klappbrücke.

Wenn die Gehäuse in irgendeiner Weise fest miteinander verbunden sind, genügen zur radialen Führung der Welle meistens zwei Lager (Abbildung 74). Bei mehr als zwei Wälzlagern auf einem verhältnismäßig kurzen Wellenstück ist ein gleichmäßiges Tragen aller Lager im allgemeinen nicht zu erzielen. Man verwendet eine solche Anordnung nur in Ausnahmefällen, wenn z. B. die Biegung oder Federung begrenzt werden soll.

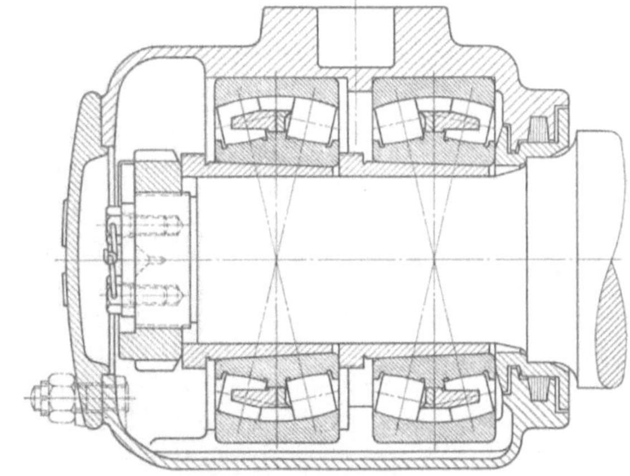

Abb. 75. Achslager mit zwei Pendelrollenlagern auf Abziehhülsen.

Bei den meisten Straßen- und Vollbahnfahrzeugen ist das Wagengewicht federnd auf den Achsbuchsgehäusen abgestützt. In überhöhten Kurven oder beim Fahren über Weichen und Schienenstöße treten so große Schiefstellungen auf, daß *ein* Lager wegen seiner geringen Breite selten genügt, um die damit in Zusammenhang stehenden Kippkräfte ohne Gefahr für eine baldige Zerstörung aufzunehmen.

Meistens werden mit Rücksicht auf die gegebenen Verhältnisse oder wegen der großen Luft in den Führungen zwei Lager benutzt (Abb. 75).

Die gleichmäßige Druckverteilung ist in diesem Falle dadurch gewährleistet, daß die Gehäuse unter der Feder ihre Lage etwas verändern können. Bei Walzwerken ist dies dadurch erreicht, daß eine dachförmige oder kugelige Fläche des Einbaustücks auf einer ebenen Fläche ruht (Abb. 76).

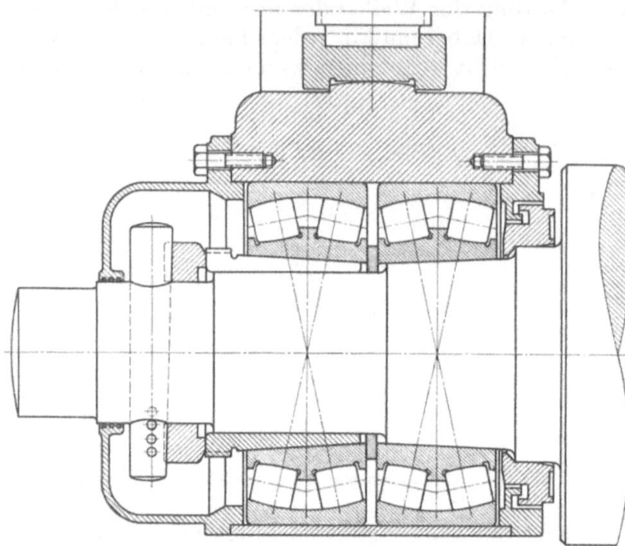

Abb. 76. Lagerung eines Kaltwalzwerkes.

Da die Lage der sich drehenden Wellen, abgesehen von wenigen Fällen, von zwei Lagern bestimmt wird, ist es notwendig, dafür zu sorgen, daß die Achsen der Lager möglichst genau zusammenfallen. Auch eine versetzte, aber parallele Lage der Achsen der Gehäusesitzflächen bedingt eine gewisse geneigte Lage der Wellenachse. Die Folge davon ist, daß die auf der

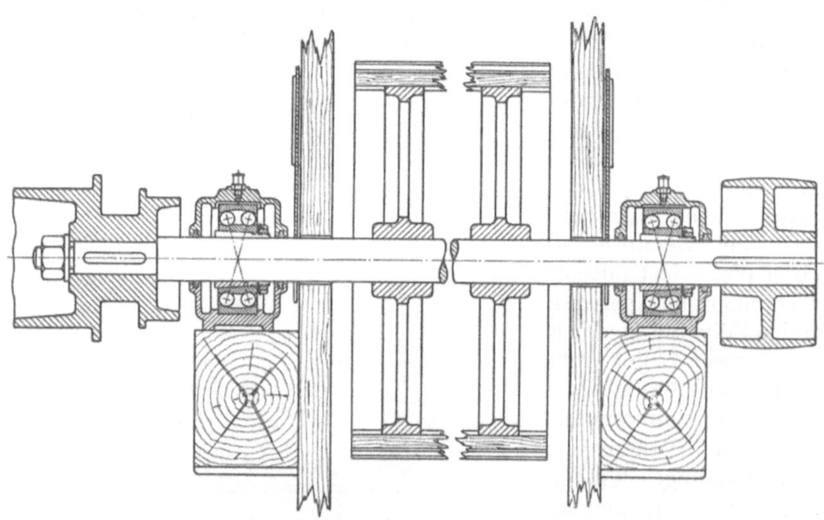

Abb. 77. Lagerung einer Dreschtrommel.

Welle sitzenden Laufringe eine schiefe Stellung zu den Außenringen einnehmen. Dieser Zustand kann, je nach der Größe der Abweichung und je nach der Lagerart, erhebliche Zusatzbelastungen hervorrufen. Bei Zylinderrollen mit zylindrischen Laufbahnen und Kegelrollenlagern mit rein kegeligen Laufbahnen sind auch bei der geringsten Schiefstellung Kantenbelastungen unvermeidlich. Es ist daher notwendig, bei Anwendung dieser Lager auf ein genaues Fluchten der Gehäusebohrungen zu achten. Rillenkugellager gestatten, je nach der Luft, eine gewisse geringe Winkelbeweglichkeit des einen Laufringes gegenüber dem anderen. Ein noch größeres Schwenken gestatten Zylinder- oder Kegelrollenlager mit einer balligen Laufbahn. Am günstigsten sind Pendellager, bei denen eine Schiefstellung des sich drehenden Innenringes gegenüber dem Außenring in weiten Grenzen zulässig ist.

In vielen Fällen ist es schwierig, wenn nicht unmöglich, ein genaues Fluchten der Gehäusebohrungen zu erreichen. Der schwierigste Fall liegt vor, wenn zwei Gehäuse auf unabhängig voneinander montierten Sohlplatten oder anderen Unterlagen stehen (Abb. 77).

Sowohl die Höhe als auch die Neigung der Auflageflächen können voneinander abweichen. Außerdem ist der Unterschied in der Bauhöhe der Gehäuse meistens für die Lager unzulässig groß. Diese Fehler müssen in Kauf genommen werden, da sowohl die Bearbeitung und Montage der Sohlplatten und Unterlagen als auch die

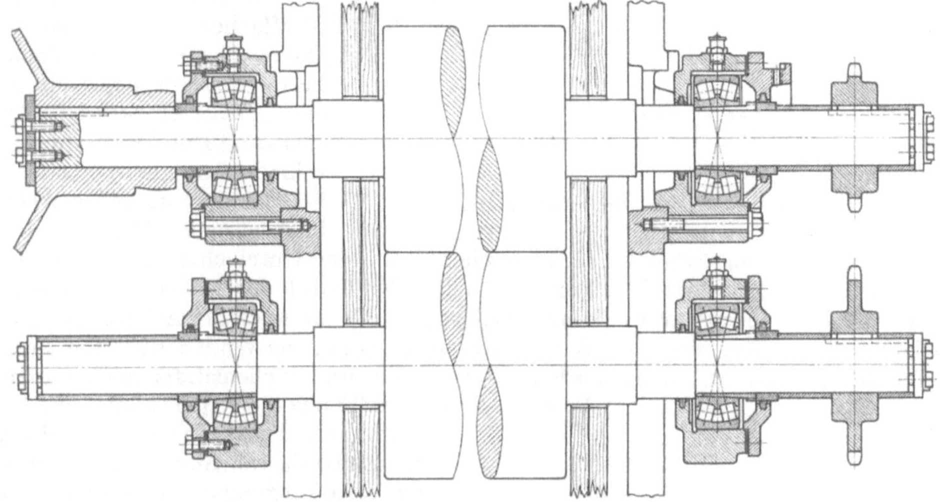

Abb. 78. Lagerung eines Walzenstuhles.

Herstellung der Gehäuse eine verhältnismäßig große Toleranz erfordern. Es wäre zwecklos in dieser Beziehung besonders scharfe Vorschriften zu machen, wenn nicht gleichzeitig auch die Lage in der Horizontalebene genau bestimmt würde. Dies ist jedoch in der notwendigen Genauigkeit nicht möglich.

Die bei der Montage für das Ausrichten der Gehäuse zur Verfügung stehenden Hilfsmittel genügen bei weitem nicht, um starre Lager — Rillenkugellager mit Einfüllöffnung, Radiaxlager oder gar Zylinderrollenlager mit zylindrischen Laufbahnen — verwenden zu können.

Bei angeflanschten oder in besonderen Bügeln liegenden Gehäusen (Abb. 78) muß immer mit einer Verlagerung der Achsen gerechnet werden, trotz der vorgesehenen Zentrieransätze, vor allen Dingen, wenn der Rahmen aus Blechen oder Holz besteht. Da sowohl für die Zentrierflächen des Hauptkörpers als auch für die Zentrierflächen der Flanschgehäuse eine Toleranz vorgesehen werden muß, kann eine Versetzung der Achsen der Sitzflächen um die Summe der halben Toleranzbeträge eintreten, auch wenn die Zentrierfläche des Ansatzes und die Sitzfläche auf jeder Seite gleichachsig sind. Ein weiterer Einfluß auf die Lage der Achsen ist noch dadurch zu erwarten, daß die seitlichen Anlageflächen nicht winklig stehen zu den Gehäusebohrungen.

Die Erzielung einer genauen Gleichachsigkeit ist auch dann schwierig, wenn die Lagersitzflächen in *einem* Gehäusekörper liegen, aber keine einheitliche Fläche darstellen, sondern unabhängig voneinander bearbeitet werden müssen, oder wenn die Bearbeitung nicht in einer Aufspannung erfolgen kann, wie bei der Konstruktion n. Abb. 79. In diesem Falle muß nicht nur mit dem Toleranzunterschied der Bohrungen und einem eventuellen Fehler durch die Führung der Arbeitsspindel gerechnet werden, sondern auch mit den Abweichungen, die mit der Zentrierung des Arbeitsstückes bei der Umspannung zusammenhängen.

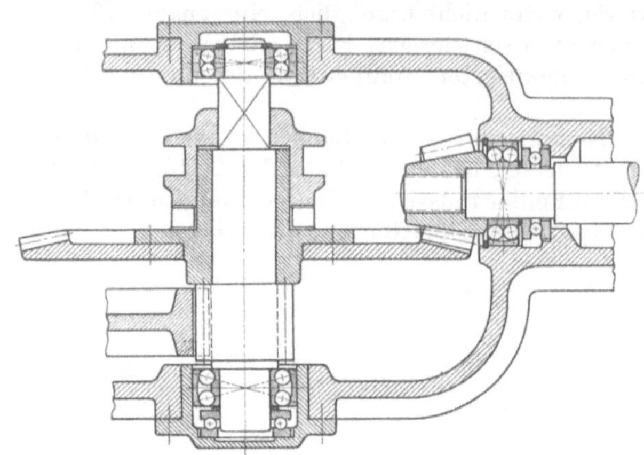

Abb. 79. Lagerung eines Grasmähergetriebes.

Die Gleichachsigkeit der Sitzflächen kann selbst für starre Lager als genügend betrachtet werden, wenn sie eine einzige Fläche ohne Absätze und Durchmesserunterschiede darstellen, wie z. B. bei der Bauart einer Achsbuchse nach Abb 80. Der einzige Fehler, der möglich ist, abgesehen von dem Unterschied in der Profilhöhe der Lager, besteht in einer eventuellen Konizität der Bohrung. Diese ist jedoch leicht nachprüfbar und kann, da sie von der Genauigkeit der Arbeitsmaschine abhängt, verbessert werden. Wenn man starre Lager verwenden will oder muß, sollte daher immer versucht werden, die Gehäuse- und Wellensitzflächen so anzuordnen, daß eine fortlaufende Bearbeitung beider Flächen erfolgen kann. Im Betrieb kann dieser Zustand allerdings im ungünstigsten Sinne gestört werden. Die Biegung der Welle oder des Zapfens führt zu einer Schiefstellung der Innenringe gegenüber den Außenringen und damit, je nach der Höhe der Last zu einer Vergrößerung der Beanspruchung in Rillenkugellagern und ganz besonders in Rollenlagern mit rein zylindrischen oder kegeligen Laufbahnen. Je nach dem Grad der Biegung sollten daher schwenkbare Lager Verwendung finden, wenn es nicht vorgezogen wird, aus irgendwelchen Gründen die Welle oder den Zapfen zu verstärken. Wenn die Lagergehäuse auf voneinander unabhängigen Unterlagen stehen, muß damit gerechnet werden, daß im Laufe der Zeit Veränderungen eintreten, entweder infolge Nachgebens oder Schrumpfens der Unterlage wie bei Holzbauten oder durch Verziehen von Eisenkonstruktionen unter von außen wirkenden Kräften. Da die dadurch hervorgerufenen Verlagerungen beträchtliche Werte annehmen können, müssen auch aus diesem Grunde, ohne Berücksichtigung der sonstigen Einflüsse schwenkbare Lager zur Verwendung kommen.

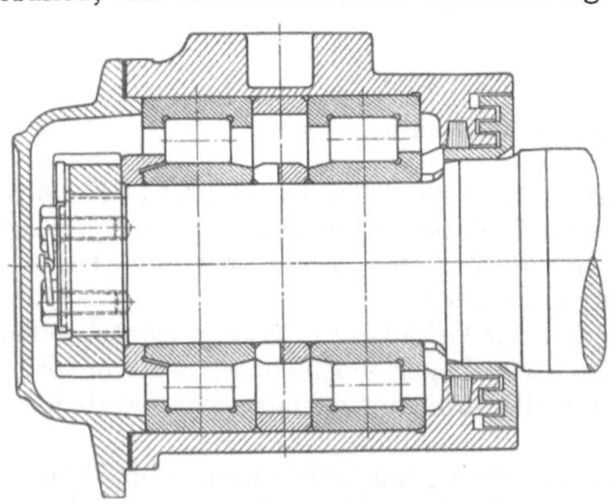

Abb. 80. Achslager für Straßenbahnwagen mit zwei Zylinderrollenlagern.

Es gibt bisher keine in der Praxis verwendbare, genügend genaue Methode, um das Fluchten von Gehäusebohrungen zu messen. Man ist entweder auf ein verhältnismäßig grobes Ausrichten oder auf die genaue Bearbeitung der einzelnen Teile angewiesen. Man sollte daher in allen Fällen, wo irgendwelche Bedenken bestehen, zu der Verwendung von Pendellagern greifen.

2,22. Axiale Führung.

Die Verwendung besonderer Gleitstücke wird heute nur noch in seltenen Fällen benutzt, nachdem Querlager zur Verfügung stehen, die auch hohe axiale Kräfte aufnehmen können. Bei einer Lagerung mit zwei „geschlossenen" Lagern verwendet man heute in überwiegendem Maße mit Rücksicht auf die Unterschiede in der Wärmedehnung von Welle und Gehäuse, wegen der unvermeidlichen Herstellungstoleranz und den möglichen Fehlern beim Zusammenbau, wenn das axiale Spiel nicht auf ein sehr geringes Maß begrenzt werden muß, zweckmäßig einen Einbau nach Abb. 81. Das eine Lager ist axial nach beiden

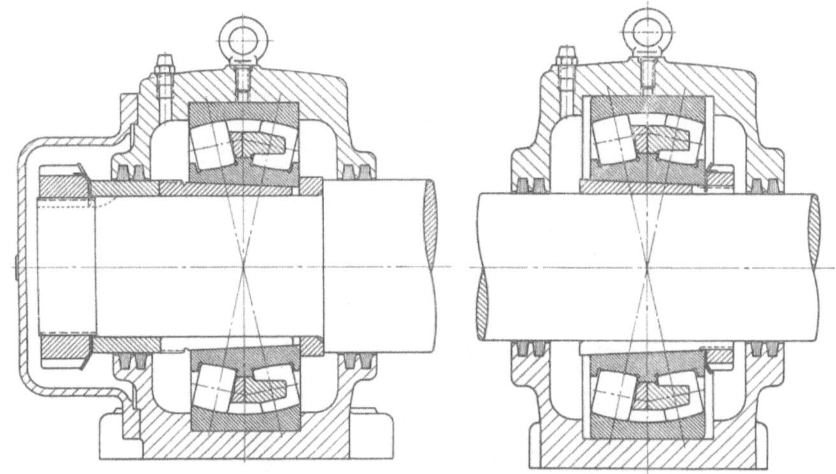

Abb. 81. Stehlager für Holzhackmaschine.

Richtungen durch Anlageflächen begrenzt (Führungslager-Festlager), während das andere Lager im Gehäuse axial in ziemlich weiten Grenzen verschiebbar ist (Dehnungslager-Loslager). Bei Verwendung von geteilten Stehlagern ohne seitliche Deckel sind diese Grenzen durch die seitlichen Schulterflächen des Gehäuses gegeben, deren Entfernung so groß sein muß, daß der Außenring nicht zur Anlage kommt. Um die Welle in axialer Richtung zu führen, wird ein Lager entweder unmittelbar durch die Schulterflächen oder durch entsprechende Abstandsscheiben festgelegt. Diese Anordnung der Lager kann nur dort verwendet werden, wo eine gewisse Luft (0,1—0,2 mm auf jeder Seite) zulässig ist. Auch bei Gehäusen mit einteiligem Tragkörper verzichtet man meistens auf ein Festspannen des Außenringes, da dann die Deckelflanschen ohne Dichtung anliegen können. Wenn die Außenringe Preßsitz erhalten müssen, ist dafür zu sorgen, daß ein Innenring auf beiden Seiten mit Luft eingebaut wird, um einer Verklemmung durch Wärmedehnungen vorzubeugen.

Wenn die Belastung an der einen Lagerstelle höher ist als an der anderen oder die Betriebsverhältnisse einen festen Sitz beider Laufringe bedingen, benutzt man neben einem „geschlossenen" Lager zweckmäßigerweise ein Zylinderrollenlager mit einem äußeren oder inneren Laufring ohne Borde (Abb. 82).

Die bordfreien Laufringe gestatten den Rollen und damit der Welle eine verhältnismäßig große axiale Bewegung.

Als „geschlossenes“ Lager wirkt im eingebauten Zustande auch ein Zylinder-

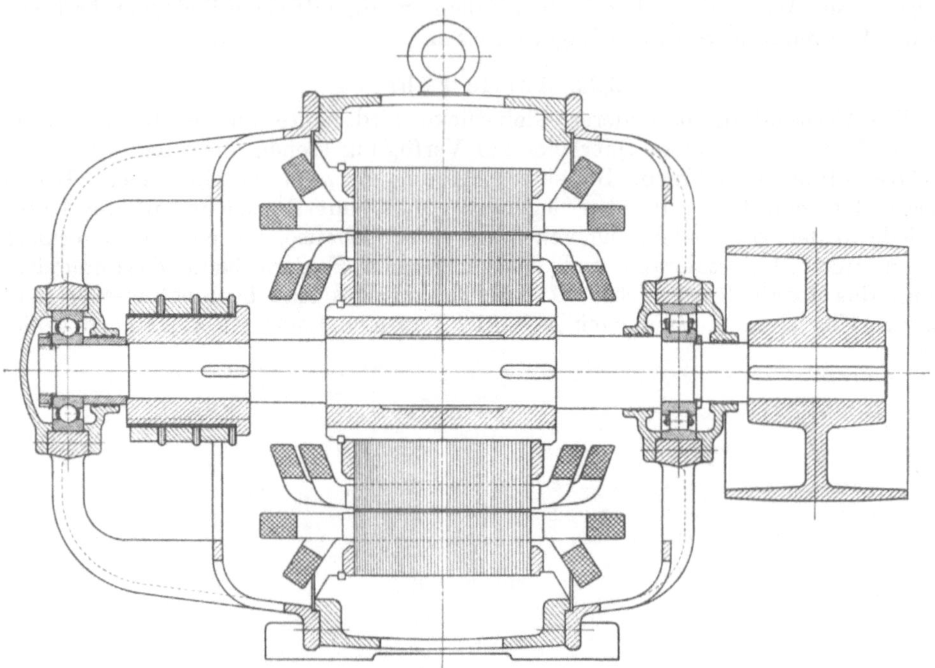

Abb. 82. Lagerung eines Drehstrommotors.

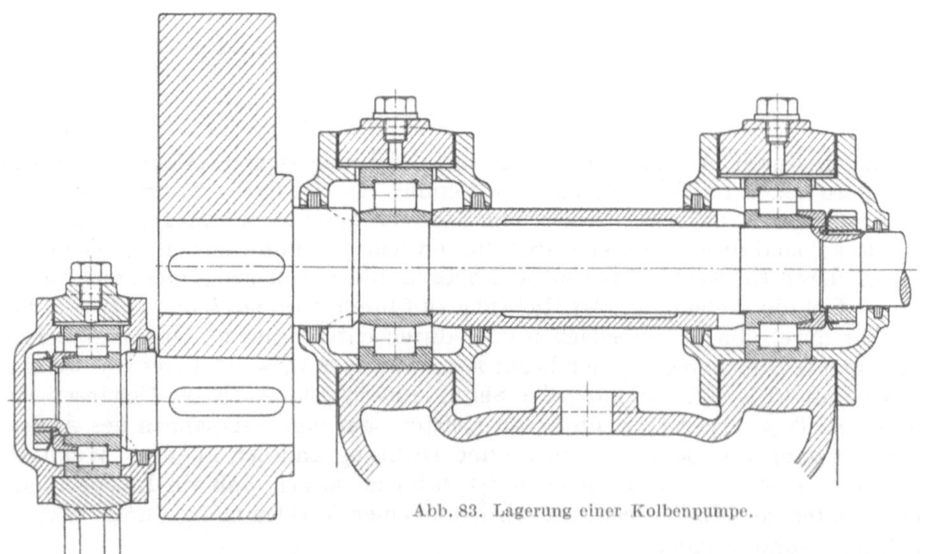

Abb. 83. Lagerung einer Kolbenpumpe.

rollenlager mit drei Borden und einem Bordring, bei welchem die Rollen entweder in dem einen oder anderen Laufring geführt werden (Abb. 83). Das axiale Spiel der Welle ist bei diesen Lagern nur von der Verschiebungsmöglichkeit des einen

Laufringes gegenüber dem anderen abhängig, da beide Laufringe seitlich verspannt werden.

Bei großen Temperaturunterschieden und bei großem Lagerabstand, z. B. bei Trockenzylindern von Papiermaschinen, kann auf die Ausdehnung von vornherein dadurch Rücksicht genommen werden, daß die Laufringe des Zylinderrollenlagers seitlich um den Betrag der Ausdehnung versetzt werden. Wenn sich die Welle dreht, geht die allmähliche Verschiebung fast widerstandslos vor sich. Erfolgt die seitliche Bewegung aber bei Stillstand der Maschine, dann besteht die Gefahr, daß die Rollen auf den Laufbahnen fressen. Es ist immer notwendig, die Loslager genau mit den Führungslagern auszurichten. Falls sich die Achsen schneiden, wird der Widerstand gegen axiale Verschiebung wesentlich höher.

Die normalen Längslager können in radialer Richtung keine Kräfte aufnehmen. Sie sind daher nur zur Führung der Welle in Längsrichtung geeignet. Für die radiale Festlegung müssen besondere Querlager vorgesehen werden. Ist der Axialdruck mit Sicherheit nur nach einer Seite gerichtet, genügt ein Lager mit zwei Scheiben (Abb. 84). Die Welle ist mit den Querlagern längs beweglich. Wenn auch in der anderen Richtung geringe Drücke auftreten, muß ein Querlager mit zur Führung herangezogen werden. Für hohe Belastung in beiden Richtungen kann entweder für jede Seite je ein Lager mit zwei Scheiben oder ein zweiseitig wirkendes Lager mit drei Scheiben eingebaut werden (Abb. 85).

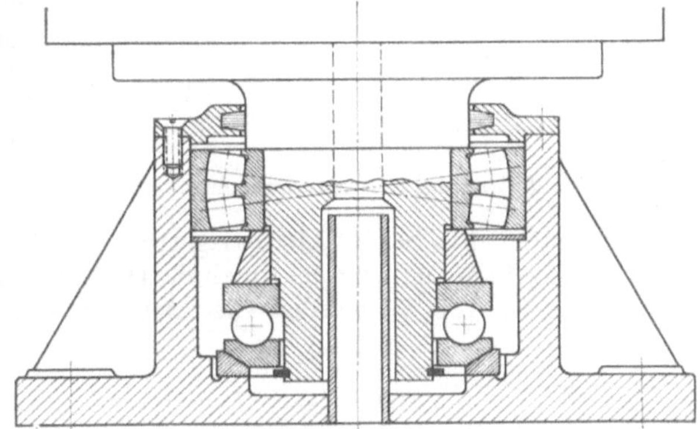

Abb. 84. Fußlager eines Schwenkkrans.

Ein einwandfreier Lauf der Längslager ist nur zu erzielen, wenn die Achsen der Scheiben genau zusammenfallen. Bei kleinen Lagern rechnet man damit, daß sich die Scheiben unter der Belastung selbst zentrieren. Die stillstehende, im Gehäuse aufliegende Scheibe (Gehäusescheibe) oder die Unterlagscheibe erhält daher eine gewisse radiale Luft (Abb. 84). Bei großen Lagern und horizontaler Welle ist aber eine Zentrierung der feststehenden Scheibe erforderlich, weil nicht anzunehmen ist, daß die Belastung eine genügende Ausrichtung herbeiführen kann. Die Zentrierflächen müssen dann sehr genau bearbeitet werden, um eine Beschädigung des Lagers zu vermeiden. Wenn die Welle in Gleitlagern geführt wird, besteht Gefahr für eine Verlagerung der beiden Scheiben um das Lagerspiel. Deshalb empfiehlt sich in solchen Fällen die Anwendung eines Längskegelrollenlagers mit ebener Lauffläche der Gehäusescheibe (Abb. 39).

Es ist erforderlich, daß beide Längslagerscheiben möglichst genau parallel stehen, da schon eine ganz geringe Abweichung in der Größenordnung der Sortierungstoleranz der Rollkörper eine einseitige Belastung zur Folge hat. Die nicht belasteten Kugeln gleiten auf der Laufbahn und rufen dort Anfressungen hervor. Aus diesem Grunde benutzt man in den Fällen, wo mit einer Abweichung von der winkelrechten Lage der Auflagefläche gerechnet werden muß, eine ballige Scheibe, die entweder direkt in einem entsprechend geformten Gehäuse oder auf einer besonderen Unterlagscheibe ruht (Abb. 84).

Auch diese Anordnung kann zu Schwierigkeiten führen, wenn die sich drehende

Wellenscheibe nicht winkelrecht steht und unter der einseitigen Belastung eine dauernde Einstellung der balligen Scheibe hervorgerufen wird. Dann können die balligen Flächen aufeinander fressen und Gleitrisse entstehen. Dieser Fehler kann nur durch das Längspendelrollenlager ausgeglichen werden (Abbildung 40).

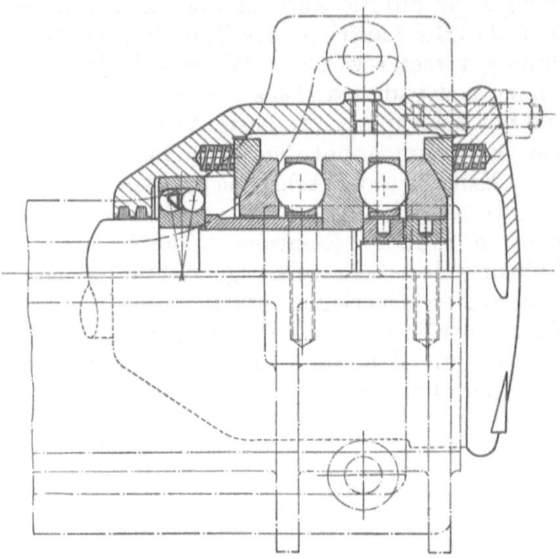

Abb. 85. Lagerung einer Maischmaschine.

Die Längslager dürfen weder verspannt noch zu lose angestellt werden. Eine Verklemmung der Lager bewirkt eine Temperatursteigerung und zusätzliche Belastung, die die Lebensdauer herabsetzt. Ein zu großes Spiel führt bei horizontaler Lage der Welle zum Durchsacken der Gehäusescheibe oder des Käfigs, sobald die Belastung ihre Richtung ändert. Aus diesem Grunde verwendet man in solchen Fällen mehrere Federn (Abb. 85), welche die Scheiben beim Wechsel der Druckrichtung zusammenhalten.

Die Verwendung eines besonderen Querlagers nur zur axialen Führung ermöglicht eine einfachere Lagerung, leichtere Bearbeitung und bequemeren Einbau. Diese Lagerart ist auch für hohe Drehzahlen wesentlich besser geeignet als Längslager. In Abb. 86 werden die quer zur Achse gerichteten Drücke von den

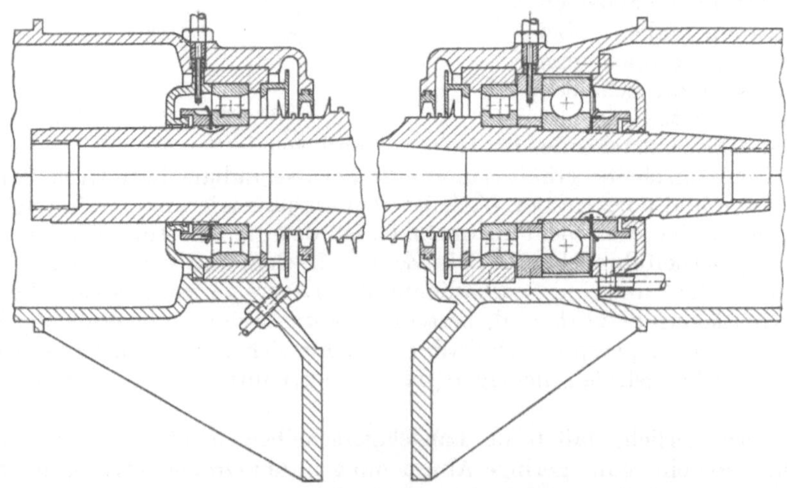

Abb. 86. Lagerung einer Dampfturbine.

beiden Zylinderrollenlagern aufgenommen, während die axiale Führung nach beiden Richtungen durch das Radiaxlager erfolgt. Damit unter allen Umständen eine Teilnahme des Führungslagers an der Aufnahme der radialen Belastung verhindert wird, sitzt der Außenring des Lagers mit Luft im Gehäuse. Um ein Mitlaufen des Außenringes, vor allen Dingen bei hin und her gehender Belastung, zu vermeiden, kann der Außenring in einen weichen Ring gepreßt werden, der seinerseits mit Luft eingebaut ist. Durch einen Stift, der in eine Nute des Ringes greift, wird dieser am Drehen gehindert.

Falls die Gleichachsigkeit der Lagerstellen zu wünschen übrig läßt, ist es zweckmäßig, ein Pendelkugellager der breiten Reihe

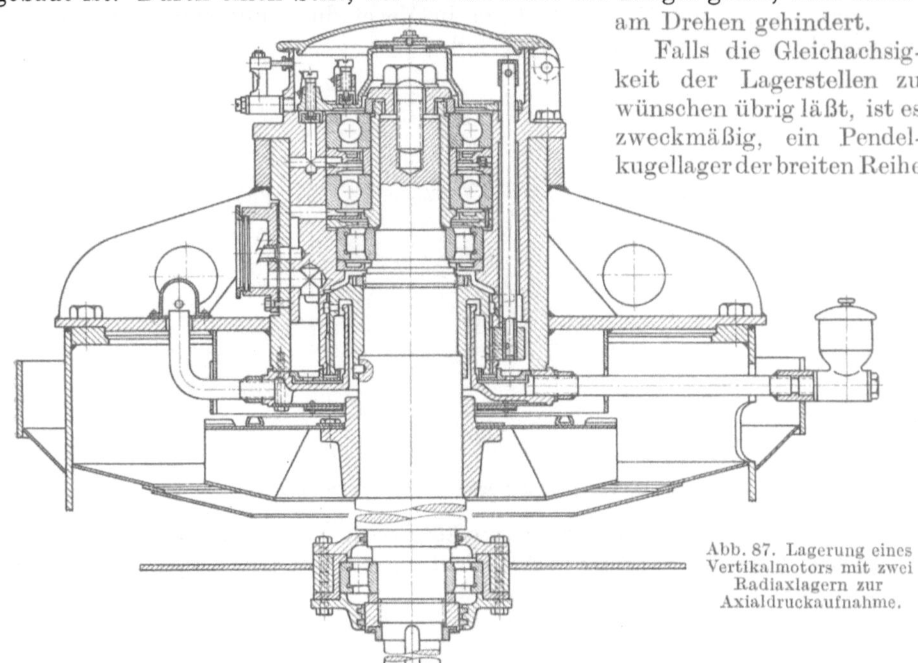

Abb. 87. Lagerung eines Vertikalmotors mit zwei Radiaxlagern zur Axialdruckaufnahme.

zu verwenden. Diese Lagerart ermöglicht ebenfalls die Aufnahme erheblicher Axialdrücke. Bei hoher Last kann auch ein Pendelrollenlager benutzt werden. Wenn die Drehzahl weder die Anwendung eines Pendelrollenlagers noch den Einbau eines Längslagers erlaubt, ein einziges Radiaxlager aber für die Belastung nicht genügt, schaltet man zwei Lager hintereinander. In diesem Falle muß dafür gesorgt werden, daß der Überstand beider Lager möglichst gleich groß ist.

In Abb. 87 sind zwischen beiden Lagern Federn angeordnet, deren Stärke so gewählt ist, daß jedes Lager gerade die halbe Last erhält. Bei der Ausführung nach Abb. 88 müssen die Federn so bemessen werden, daß sie die axiale Belastung entsprechend dem für die Lebensdauer günstigsten *Verhältnis auf* die Lager verteilen.

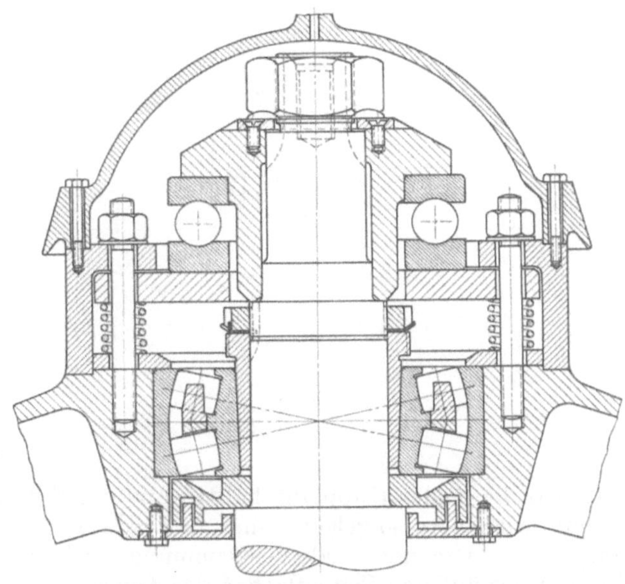

Abb. 88. Halslager eines Vertikalmotors mit einem Längslager und einem Pendelrollenlager zur Axialdruckaufnahme.

Falls die Anordnung eines Längslagers oder die Unterbringung eines besonderen Querlagers für die axiale Führung der Welle nicht möglich ist, kann man zwei paarweise eingebaute Kegelrollenlager in Verbindung mit einem dritten Lagersystem als Loslager verwenden (Abb. 89).

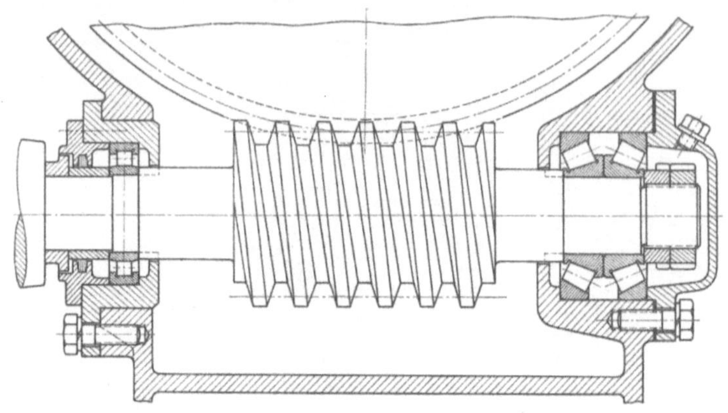

Abb. 89. Lagerung der Schneckenwelle einer Schiffswinde.

In einigen Fällen kann es zweckmäßig sein, zwei „geschlossene" Querlager wechselseitig an der Führung in Achsrichtung zu beteiligen; Voraussetzung dafür ist aber ein geringer Abstand der beiden Lager. Bei der Lagerung eines Federhammers (Abb. 90) ruht die Welle in einem Fest- und Loslager,

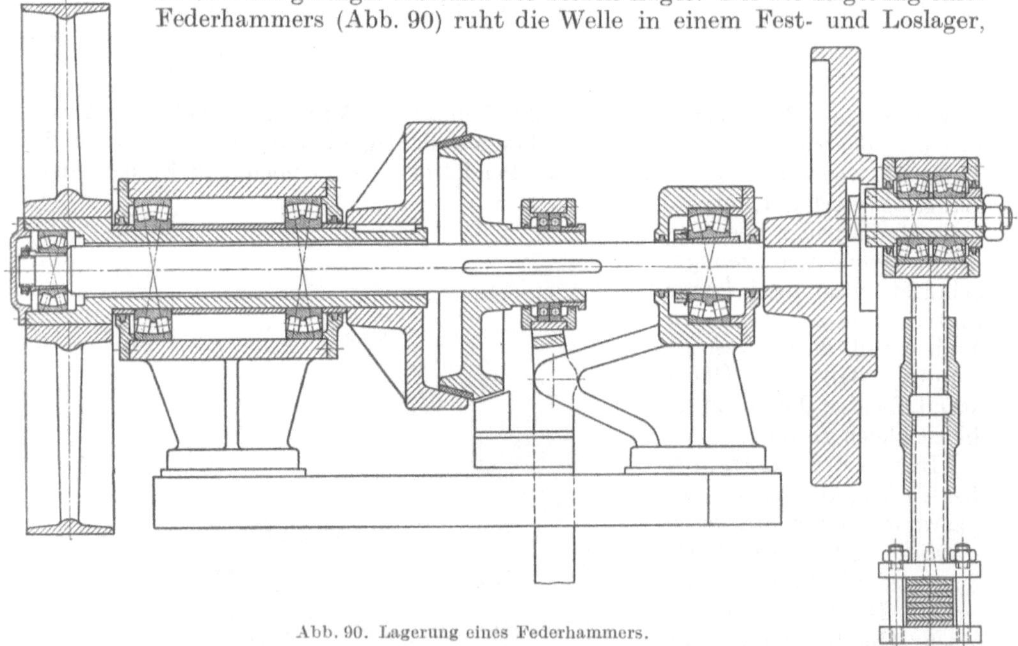

Abb. 90. Lagerung eines Federhammers.

während die beiden Kupplungshälften und der Federhammer in je zwei „geschlossenen" Querlagern so gelagert sind, daß jedes Lager nach einer Seite die Führung übernimmt. Um eine axiale Verklemmung der Lager zu vermeiden, muß die Entfernung der äußeren Seitenflächen der Lager etwa 0,2 mm kleiner sein, als das Maß zwischen den Schulterflächen.

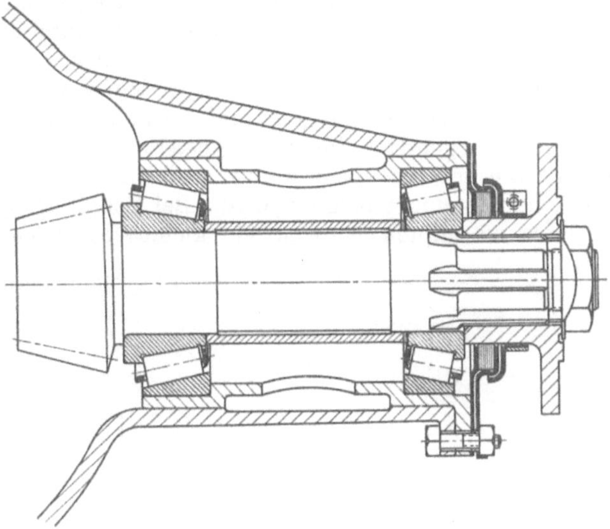

Abb. 91. Ritzellagerung eines Kraftwagens.

Zwei nach einer Seite „offene“ Lager, z. B. Schulterkugellager, Schulterrollenlager, Schrägkugellager oder Kegelrollenlager, müssen, abgesehen von Sonderfällen, immer gemeinsam die radiale und axiale Führung übernehmen, das eine nach der einen Seite, das andere nach der anderen Seite. Zwischen diesen Lagerarten besteht insofern ein Unterschied, als eine geringe Verschiebung des einen Laufringes gegenüber dem anderen in axialer Richtung bei Schrägkugellagern und Kegelrollenlagern gleichzeitig die radiale Luft verändert, während bei Schulterkugellagern und Schulterrollenlagern durch eine Verschiebung in Achsrichtung ein solcher Einfluß nicht hervorgerufen wird. Bei Schulterkugellagern ist dies erst dann der Fall, wenn die Kugeln an die Schultern gepreßt werden und die Verbindungslinie der Berührungspunkte am Innen- und Außenring eine geneigte Lage einnimmt.

Die einseitig „offenen“ Bauarten bedingen einen verhältnismäßig kleinen Lagerabstand (Abbildung 91), weil eine geringe Temperaturdifferenz zwischen Welle und Gehäuse entweder zu einer Verklemmung, also hoher Reibung und Temperatur, oder zu einem unzulässig großem Spiel führen kann.

Bei Schulterrollenlagern verwendet man Abstandshülsen zwischen den inneren und äußeren Laufringen, die so bemessen sind, daß die Länge der Büchsen um das gewünschte Spiel verschieden ist. Es ist aber auch möglich, die Laufringe so zu versetzen (Abb. 92), daß eine Verklemmung nicht zu befürchten ist.

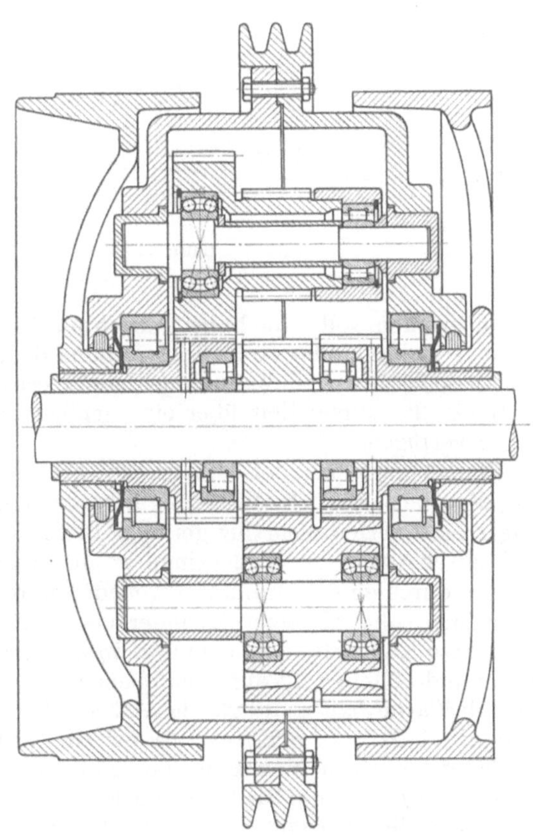

Abb. 92. Differentialgetriebe für Selfaktor.

Für Kegelrollenlager und Schrägkugellager lassen sich solche Anordnungen nicht verwenden, weil die Toleranz der Gesamtbreite des Lagers wegen der geneigten Laufbahnen zu großen Schwankungen unterliegt und die Einschränkung der Breitentoleranz eine erhebliche Verteuerung bedeuten würde. Auch das Zupassen einzelner Zwischenbüchsen ist schwierig und mit hohen Kosten verbunden. Man sollte daher bei diesen Lagerarten die axiale Anstellung immer durch Schrauben, Muttern oder dünne Bleche vornehmen, die in ihrer Dicke so abgestuft sind, daß eine genügend genaue Einstellung möglich wird. Bei Schulterkugellagern ist eine federnde Anstellung zu empfehlen, wenn ein kleines Spiel oder ein geräuschschwacher Lauf

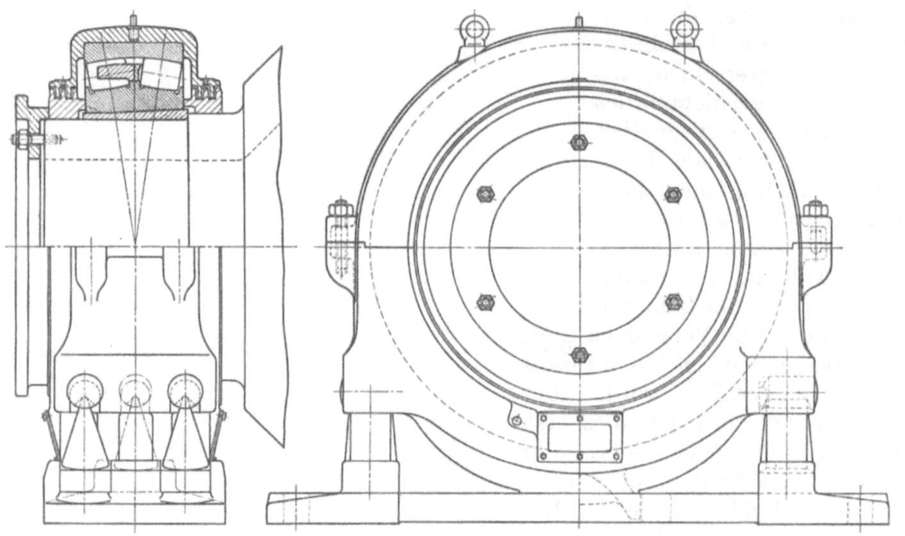

Abb. 93. Halslager einer Rohrmühle auf Schneiden.

erzielt werden soll. Auch bei Kegelrollenlagern kann man Vorrichtungen verwenden, die eine allzu große Vorspannung der Lager ausschließen. Im allgemeinen sind jedoch derartige Maßnahmen nicht erforderlich, da die Arbeiter nach verhältnismäßig kurzer Zeit über eine genügende Übung bei der Anstellung solcher Lager verfügen.

Beim Verschieben der Außenringe „geschlossener" Querlager treten Reibkräfte auf, die eine zusätzliche Belastung hervorrufen. Bei starken Wärmedehnungen und Lagern mit verhältnismäßig geringer Breite können diese Drücke so hoch werden, daß ein Kippen der Außenringe zu befürchten ist. Derartige Schwierigkeiten können durch eine Anordnung vermieden werden, bei welcher das Gehäuse auf drei Schneiden ruht, die einen Zylinderausschnitt darstellen (Abb. 93). Die obere abgerundete Kante der Schneide liegt in einem entsprechend geformten Druckstück, die Zylinderfläche ruht auf einer ebenen Scheibe. Die Rundung der Kante und die Zylinderfläche haben die gleiche Achse. Alle Teile bestehen aus Chromstahl und sind wie Rollkörper gehärtet. Da sich die Schneiden auf ihrer Unterlage abwälzen erfolgt die seitliche Bewegung des Einbaustückes infolge Wärmedehnung — bei zwei Schneiden (Abb. 94) auch die Einstellung — bei geringem Widerstand ohne Änderung der Höhenlage und vollkommen stoßfrei. Schneiden sollten daher immer gewählt werden, wenn es sich um große Lager, also große Lasten und große

Verschiebungen handelt. Die sog. Linearlager (Abb. 95) erlauben zwar eine axiale Bewegung, aber keine Einstellung bei zwei Lagern in einem Gehäuse. Außerdem ist eine sehr sorgfältige Bearbeitung der Unterlage erforderlich.

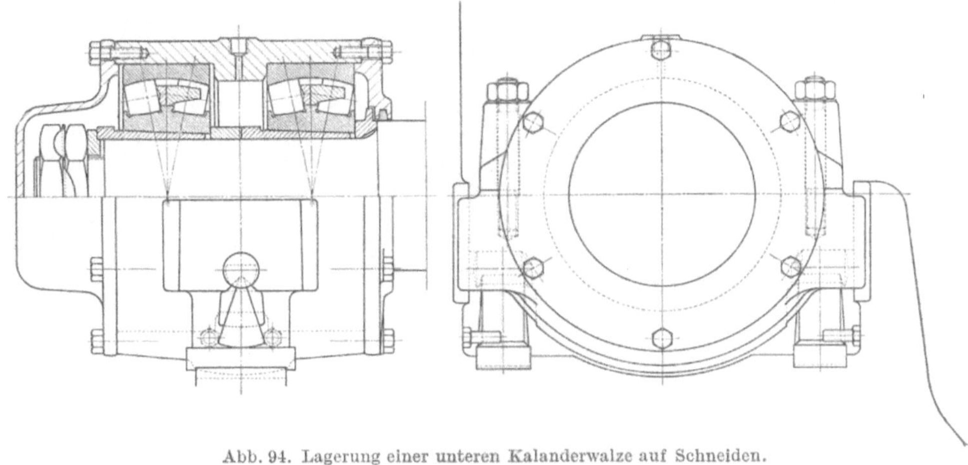

Abb. 94. Lagerung einer unteren Kalanderwalze auf Schneiden.

Es gibt Fälle, bei denen die axiale Führung der Welle nicht durch die Lager erfolgen kann. Bei Bahnmotoren mit zweiseitigem Abtrieb und Schrägverzahnung

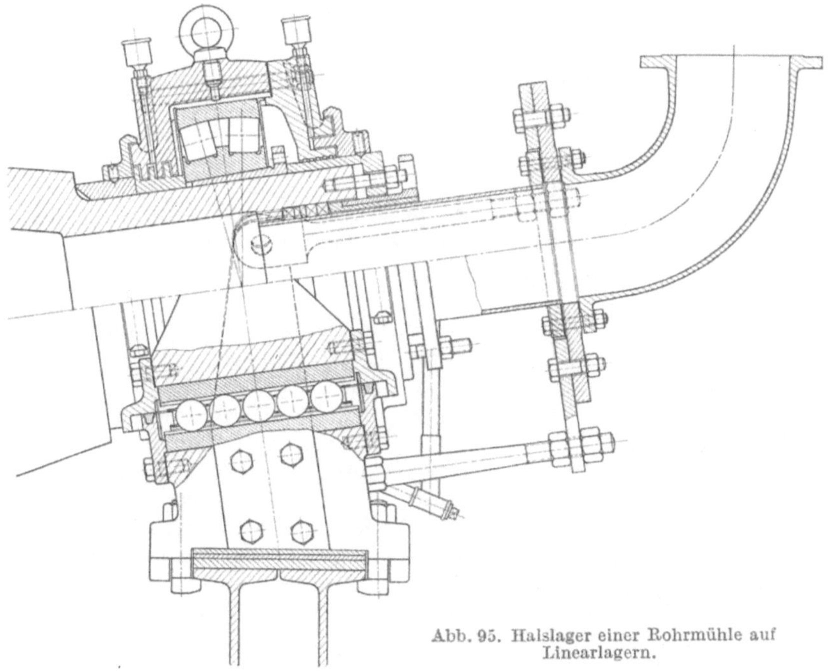

Abb. 95. Halslager einer Rohrmühle auf Linearlagern.

ist die Lage des Ankers durch die Verzahnung gegeben. Um den Eingriff der Zähne nicht zu stören, müssen die Lager eine genügende axiale Bewegung zulassen. Zu diesem Zweck hat man Schulterrollenlager mit genügend großem Axialspiel angeordnet. Ähnliche Maßnahmen sind bei Pfeilverzahnung erforderlich. Auch diese bestimmt die Lage der Welle nach beiden Richtungen (Abb. 96).

Einen Sonderfall stellt auch die Lagerung der Spinnspindel dar (Abb. 97). Die Spindel ruht unten mit ihrer Kegelspitze in einem gehärteten Führungsstück. Unter dem Wirtel sitzt ein Lager, dessen Rollen unmittelbar auf der gehärteten Spindel laufen. Als Sicherung gegen zu große axiale Bewegung ist ein Haken vorgesehen, der hinter einen Flansch des Wirtels faßt. Für die Abstützung der stehenden Welle einer Zentrifuge benutzt man eine Kugel, die, wie Abb. 98 zeigt, exzentrisch zwischen gehärteten Stahlpfropfen liegt. Diese Anordnung soll ein Abwälzen ermöglichen und den Verschleiß verhindern.

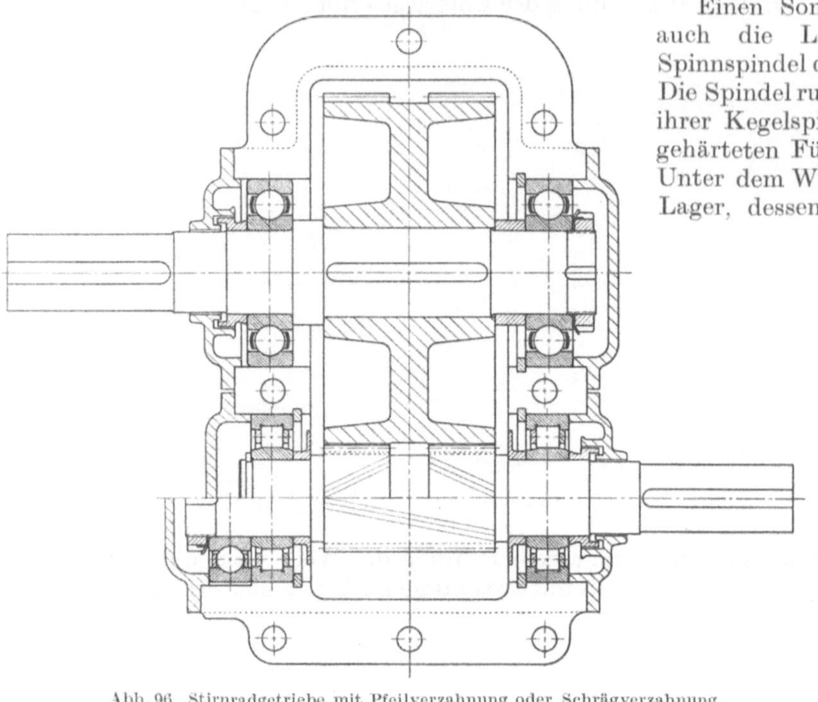

Abb. 96. Stirnradgetriebe mit Pfeilverzahnung oder Schrägverzahnung.

Bei Losrädern von Förderwagen, bei Vorderrädern von Automobilen, bei der Lagerung von Rädern für Straßenfuhrwerke sowie bei Laufrollen und Losscheiben müssen die Lager die Führung des Gehäuses übernehmen. Grundsätzlich treffen für diese Anordnung die gleichen Überlegungen zu wie für den Fall der sich drehenden Welle. Das axiale Spiel kann an den lose sitzenden Innenringen vorgesehen werden (Abb. 99).

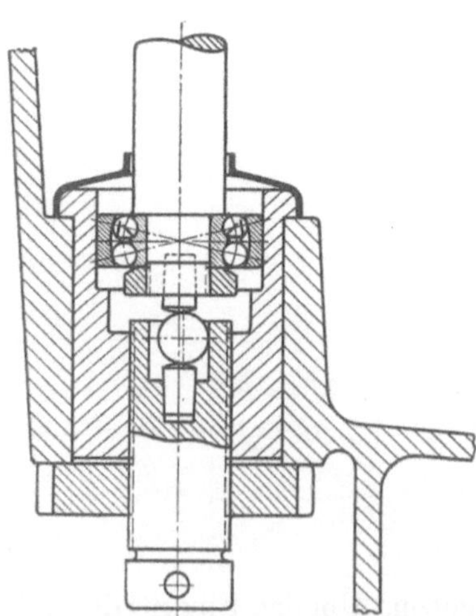

Abb. 98. Fußlagerung einer Zentrifuge.

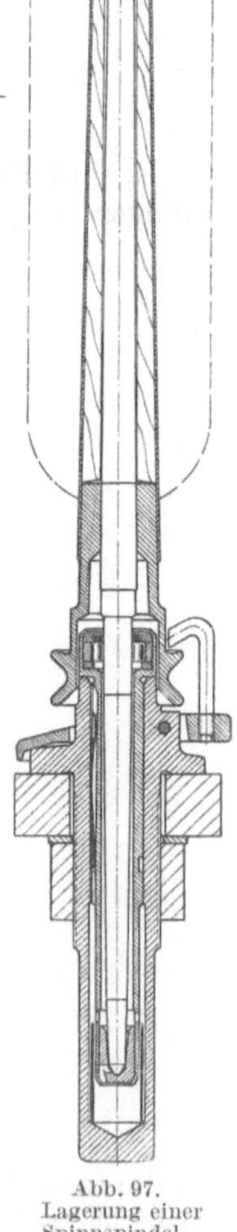

Abb. 97. Lagerung einer Spinnspindel.

Bei Kraftwagen, Förderwagen und Fuhrwerken besteht der Wunsch, ein allzu großes Schwanken der Räder zu verhindern. Man verwendet daher Schrägkugellager oder Kegelrollenlager, die eine Einstellung der radialen und axialen Luft ermöglichen (Abb. 100).

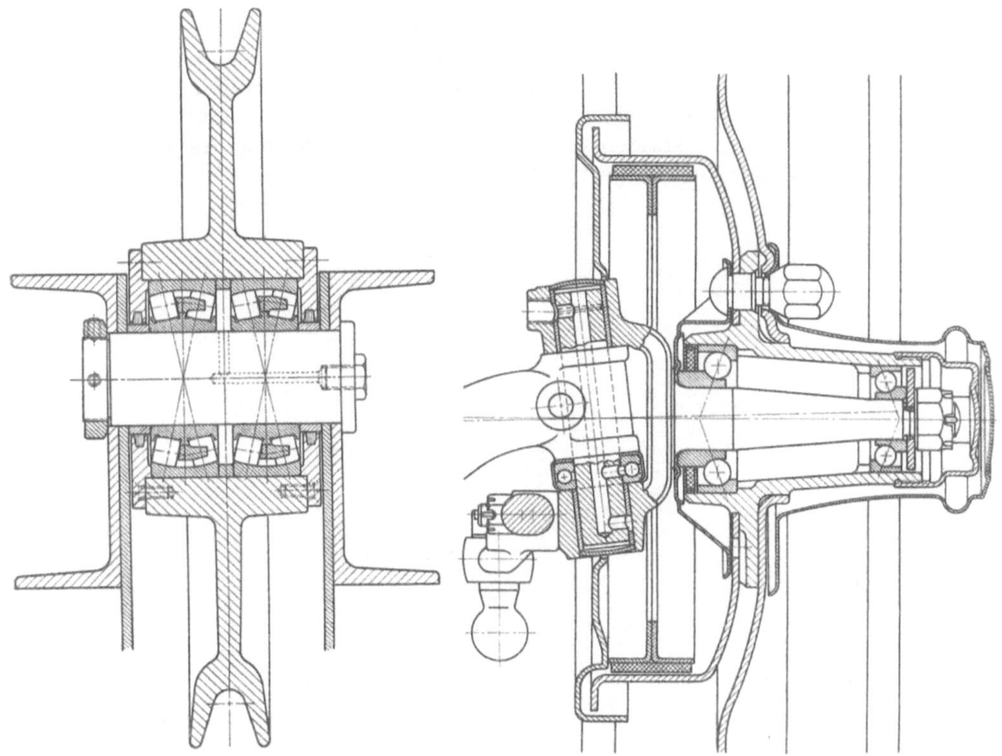

Abb. 99. Lagerung einer Seilrolle. Abb. 100. Lagerung eines Vorderrades mit Schrägkugellagern.

2,23. Führung bei besonders kleinem Spiel.

In den weitaus meisten Fällen ist ein, wenn auch verhältnismäßig geringes Lagerspiel für den Lauf der Maschine ohne Nachteil oder sogar wünschenswert. Oft wird ein gewisses Lagerspiel in Kauf genommen, weil die Erzielung einer Lagerung mit gleichmäßig geringem Spiel sowohl für die Herstellung der Lager und Zubehörteile als auch für die Einstellung bei der Montage mit großen Schwierigkeiten verbunden ist.

Für einen normalen Elektromotor, der z. B. eine Transmission antreibt, ist gewiß keine besonders geringe radiale Beweglichkeit des Ankers erforderlich, da die an sich geringe Radialluft der Wälzlager ohne Einwirkung auf den Lauf der Transmission ist. Ganz anders liegen jedoch die Verhältnisse, wenn ein Motor zum direkten Antrieb einer Arbeitsspindel benutzt werden soll, von der ein erschütterungsfreier Lauf verlangt wird. Dann muß natürlich auch die Ankerwelle die gleichen Bedingungen erfüllen. Ähnlich liegen die Verhältnisse auf anderen Gebieten. Bei einem Bandwalzwerk z. B. ist sowohl das radiale als auch das axiale Spiel ohne Bedeutung. Für ein Profilwalzwerk dagegen muß die Lagerung axial möglichst spielfrei sein, weil eine genaue Führung in Achsrichtung notwendig ist.

Es ist zwar möglich, ein einzelnes Lager ohne Luft herzustellen. Es ist jedoch schwer, ein sehr geringes Spiel bei einer „Lagerung“ nur mit fabrikatorischen Mitteln zu erreichen, da die Luft eines Lagers nach dem Einbau von der Passung abhängt und die Paßtoleranz selbst bei genauester Herstellung einen gewissen Betrag nicht unterschreiten kann. Es ist aber auch bedenklich, auf einen strammen Sitz der Laufringe zu verzichten, weil bei losem Sitz der Laufringe auf der Welle oder im Gehäuse die Gefahr des „Wanderns“ besteht.

Eine Lagerung mit sehr geringem radialen und axialen Spiel kann bei beliebigem Austausch der Lager und Zubehörteile nicht durch Verfeinerung der Herstellungsgenauigkeit erzielt werden, sondern nur durch konstruktive Maßnahmen, die eine beliebige Veränderung der Lagerluft beim Zusammenbau oder eine automatische Beseitigung derselben gestatten entweder durch Veränderung des Durchmessers der Laufbahnen oder ihrer Lage.

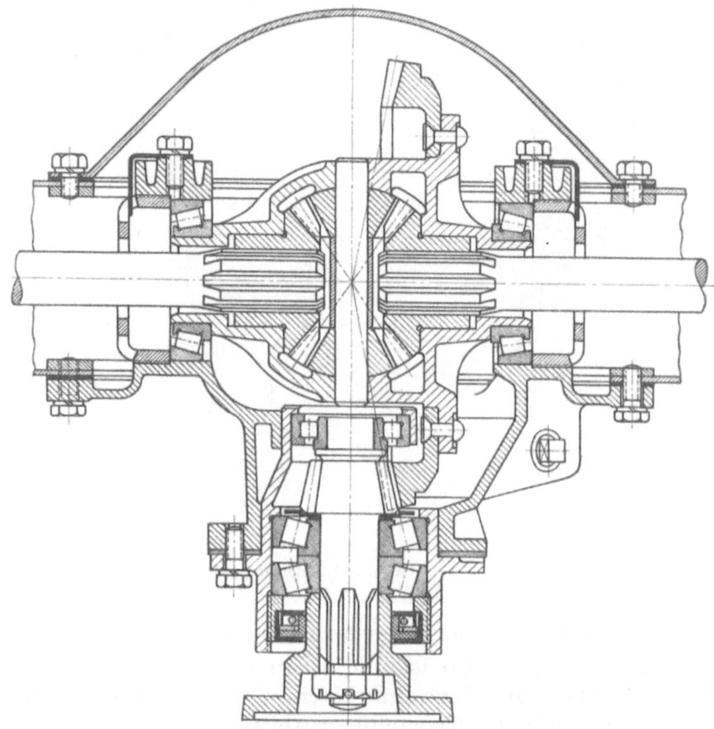

Abb. 101. Hinterachsantrieb eines Kraftwagens.

Bei der ersten Methode werden die Innenringe mit kegeliger Bohrung versehen und mehr oder weniger weit auf die entsprechend kegelige Sitzfläche der Welle oder Hülse gedrückt; dabei wird der Ring geweitet und die Luft verkleinert. Bei Lagern mit zylindrischen Laufbahnen läßt sich nur dieser Einbau anwenden.

Die zweite Methode, die in einer Veränderung der axialen Lage der Laufbahnen zueinander besteht, kann bei den meisten anderen Lagerarten mit großem Vorteil benutzt werden. Dieses „Anstellen“ erfolgt entweder mittels eines Gewindes mit geringer Steigung oder mittels einer Feder. Die zulässige Größe der sich dabei ergebenden Vorspannung ist abhängig von der axialen Tragfähigkeit der betreffenden Lager, die in dem Umrechnungsfaktor y zum Ausdruck kommt. Die Vorspannung darf aber den Betrag nicht überschreiten, der die zugrunde gelegte Lebensdauer erwarten läßt. Am günstigsten sind für diesen Zweck Längslager, Radiaxlager,

Schrägkugellager, breite Pendelkugellager, Pendelrollenlager und Kegelrollenlager. In den weitaus meisten Fällen wird man sich auf das Gefühl und Geschick des betreffenden Arbeiters verlassen müssen. Bei ganz kleinen Lagern ist die Einstellung eines geringen Spiels besonders schwierig, da ihre statische Tragfähigkeit gering ist. Bei Überschreitung derselben treten dauernde Verformungen als kleine Dellen auf, die naturgemäß einen unruhigen Lauf zur Folge haben.

Im allgemeinen läßt sich die Vorspannung nicht feststellen, vor allen Dingen nicht im betriebsmäßigen Zustand. Man kann aber durch Zwischenschalten von Federn, deren Kraftwegdiagramm bekannt ist, die auftretende Vorspannung festlegen. Eine möglichst spielfreie Lagerung kann aus verschiedenen Gründen erwünscht sein.

Je höher die Drehzahl ist, um so wichtiger ist der genaue Zahneingriff bei allen Getrieben. Bei Stirnrädern spielt die Luft in Achsrichtung keine Rolle.

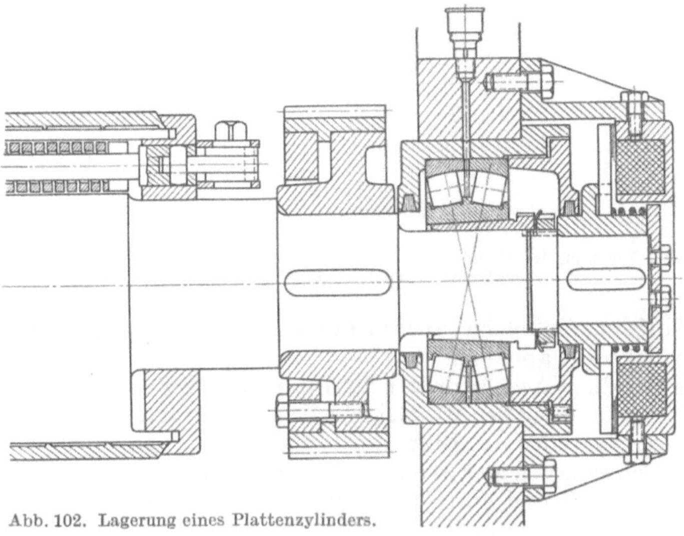

Abb. 102. Lagerung eines Plattenzylinders.

Ein gewisser Betrag an radialer Luft ist sogar zweckmäßig, um unvermeidbare Herstellungsfehler ausgleichen zu können. Bei Kegelrädern ist die Lagerluft deshalb von Bedeutung, weil eines der Räder meistens fliegend angeordnet ist. Dann kippt die Achse in den Lagern, und der Ausschlag am Ritzel ist größer als die Lagerluft. Bogenverzahnte Räder sind ganz besonders empfindlich, weil sich die Druckrichtung ändern kann. Dies bedingt ein möglichst geringes Spiel. Zur Erreichung eines geräuschschwachen Laufes sollte also sowohl die Lagerung des Ritzels als auch die des Tellerrades (Abb. 101) möglichst starr sein, damit unzulässige Veränderungen im Zahneingriff verhindert werden. Abgesehen davon, daß das Tellerrad unter einseitiger Belastung federt und den Zahneingriff verändert, kann es auch um den Betrag des Betriebsspiels kippen. Eine Lagerung mit geringem Spiel ist daher für beide Räder erforderlich.

Druckzylinder müssen möglichst rund und spielfrei laufen, wenn ein gleichmäßiger Druck erzielt werden soll. Zuerst wurden Zylinderrollenlager mit geringem Spiel benutzt. Dabei stieß man aber auf den unvermeidlichen Einfluß der Passung. Man zog daher die Verwendung von zweireihigen Pendelrollenlagern vor, bei denen die Luft durch entsprechend starkes Auftreiben auf den kegeligen Sitz beseitigt wurde. Seit einigen Jahren werden ausschließlich Pendelrollenlager mit je zwei

Außenringen benutzt (Abb. 102), deren Radialluft durch seitliche Anstellung beseitigt werden kann.

Eine möglichst spielfreie Lagerung ist für die meisten Arbeitsspindeln von Werkzeugmaschinen (Abb. 103), von großer Bedeutung, damit ein genauer Rundlauf erzielt wird, der für die Oberflächenbeschaffenheit und Genauigkeit der Werkstücke unerläßlich ist. Schwierig sind die Verhältnisse bei Schleifspindeln. Wegen der Anforderungen in bezug auf Arbeitsgenauigkeit und Drehzahl sind Lager mit hoher Laufgenauigkeit und geringem Spiel notwendig.

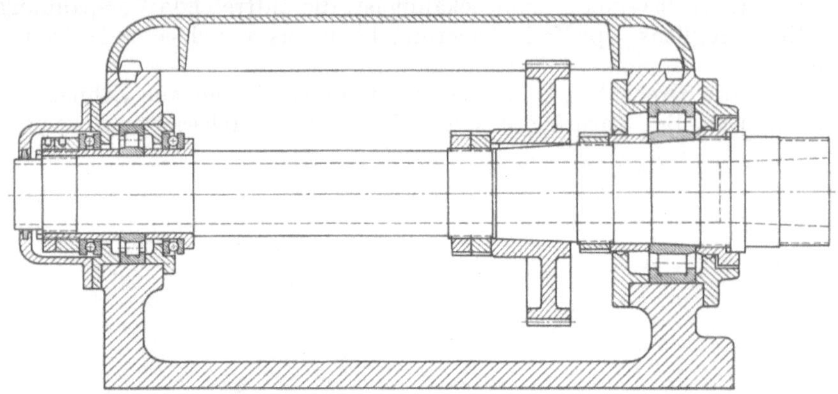

Abb. 103. Lagerung der Hauptspindel einer Drehbank mit einem Zylinderrollenlager mit kegeliger Bohrung auf der Arbeitsseite.

Der Rundlauf einer Spindel ist aber nicht nur von den Lagern, sondern insgesamt von folgenden Faktoren abhängig:

a) von der Rundheit und Form der Sitzfläche der Welle,
b) von der Schwankung der Wandstärke des Innenringes,
c) von dem Unterschied der Dicke der Rollkörper,
d) von der Schwankung der Wandstärke des Außenringes,
e) von der Rundheit und Form der Sitzfläche des Gehäuses,
f) von dem Axialschlag der Lager,
g) von dem Schlag der Seitenflächen des Lagers,
h) von dem Schlag der Anlageflächen der Gegenstücke,
i) von dem Fluchten der Gehäusebohrungen,
k) von der Belastungsschwankung oder Federung,
l) von der Lagerluft jedes einzelnen Lagers,
m) von der Schwankung der Belastung infolge des Rollkörperabstandes.

Da alle Fehler in der gleichen Richtung liegen können, ist eine sorgfältige Herstellung sämtlicher Teile, nicht nur der Wälzlager erforderlich. Gleichzeitig sollte für eine geringe Federung gesorgt werden. Sicher ist jedenfalls, daß eine genügende Starrheit ebenso wichtig ist wie eine hohe Laufgenauigkeit. Man darf nie vergessen, daß die Laufbahnen gewissermaßen als Kurvenbahnen zu gelten haben, deren Form sich auf dem Werkstück markiert.

2,3. Befestigung der Laufringe.

2,31. Radiale Befestigung der Laufringe (Passung).

Die Bewährung der Wälzlager hängt nicht nur von der zweckmäßigen Lagerart und der richtigen Lagergröße ab. Die Passung der Laufringe mit den Einbaustücken ist ebenfalls von großer Bedeutung. Die Erfahrung hat gezeigt, daß viele

Lager durch fehlerhaften Sitz der Ringe auf der Welle oder im Gehäuse zerstört werden. Die dadurch entstehenden Unkosten können ganz beträchtlich sein. Ein beschädigter Zapfen bedingt nicht nur ein neues Lager sondern auch kostspielige Nacharbeiten. Wird die Achse auf ein kleineres Maß nachgeschliffen, dann müssen Lager mit abnormaler Bohrung beschafft werden, die teuer sind und die notwendige Austauschbarkeit empfindlich stören. Es ist daher erforderlich, in jedem Einzelfall Untersuchungen über die richtige Passung anzustellen unter Berücksichtigung aller Faktoren, die einen Einfluß auf den Sitz der Ringe ausüben.

Die allgemeine Regel, daß die Innenringe fest sitzen müssen, während die Außenringe Schiebesitz oder Gleitsitz haben dürfen, hat schon oft unangenehme Beanstandungen hervorgerufen. Auch die weitergehende Vorschrift, daß die Innenringe auf sich drehenden Wellen festsitzen müssen, während die Außenringe in stillstehenden Gehäusen lose sitzen sollen, ist nicht immer zutreffend. Die leider so oft geübte Verallgemeinerung irgendeiner für einen ganz bestimmten Fall zutreffenden Erkenntnis hat auch hier zu manchen Schwierigkeiten geführt.

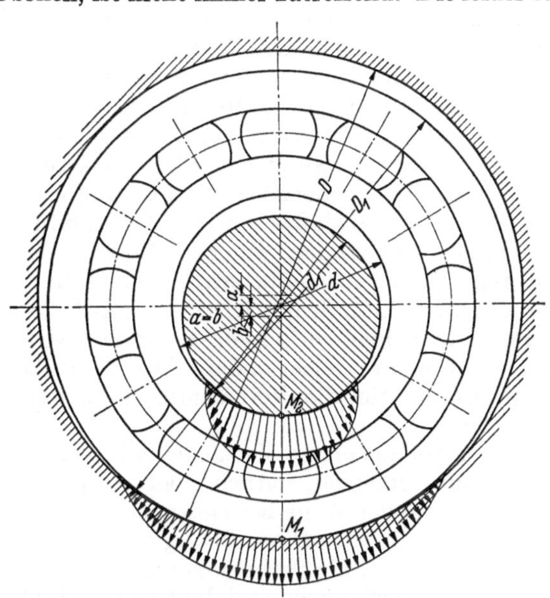

Abb. 104. Lastverteilung in der Sitzfläche bei lose sitzendem Innenring und lose sitzendem Außenring.

Der Lagerdruck kann eine dauernde Verformung der Sitzflächen hervorrufen. Diese Erscheinung ist von der Höhe der Belastung, der Luft zwischen den Paßteilen, der Oberflächenbeschaffenheit und den Werkstoffeigenschaften abhängig. Bei der Last 0 und einer gewissen Luft berühren sich die Sitzflächen nur in einer Mantellinie M_1 bzw. M_2 (Abb. 104). Unter Belastung entsteht eine mehr oder weniger breite Berührungsfläche. Der größte Druck in der Mitte der Berührungsfläche ist abhängig von der absoluten Höhe der Belastung und der Schmiegung. Bei stoßweiser Belastung, wie z. B. bei Fahrzeugen, liegen daher besonders kritische Verhältnisse vor. Abb. 104 zeigt schematisch die Abhängigkeit des höchsten spezifischen Druckes von der Größe der Luft, vergleichsweise bei beiden Laufringen.

Die spezifische Belastung und damit der höchste Druck in der Berührungsfläche ist bei der Welle unter gleicher absoluter Last größer als beim Gehäuse.

Die Oberflächenbeschaffenheit oder der Grad der Elastizität der Oberflächenschicht ist von großem Einfluß auf den Grad der Verformung. Besonders ungünstig sind nach normalen Verfahren gedrehte Flächen, weil sich die mehr oder weniger feinen Drehriefen leicht verformen, da der Ring zunächst nur von dem Grat der Riefen getragen wird. Aber auch geschliffene Flächen ergeben nicht ohne weiteres eine genügende Oberflächenbeschaffenheit.

Bei gleicher Last wird die dauernde Verformung um so geringer sein, je härter die Oberfläche ist. Bei Verwendung von Leichtmetall und Bronze ist daher größere Vorsicht geboten als bei Gußeisen und Stahlguß. Aus diesem Grunde kann es zweckmäßig sein, die Sitzflächen bei Leichtmetall nach der spanabhebenden

Bearbeitung durch unter hohem Druck angepreßte Rollen zu glätten und zu verdichten.

Wenn auch die Verformung der Sitzfläche eine Anpassung an die Ringfläche des Lagers mit gleichzeitiger Verdichtung der Oberflächenschicht bewirkt, die den Fortgang der Verformung schließlich begrenzt, so sollte dieser Zustand doch von vornherein verhindert werden, um die Funktion des Lagers nicht zu gefährden. Die Spielvergrößerung bedeutet nicht nur eine Verringerung der normalen Tragfähigkeit des Lagers, sondern auch eine Gefährdung der Betriebssicherheit der Lagerung und damit der Maschine oder des Fahrzeuges. Hinzu kommt die Behinderung der axialen Bewegungsmöglichkeit, die unvorhergesehene axiale Belastungen zur Folge haben kann. In dieser Weise verformte Wellen besitzen auch eine geringere Bruchfestigkeit, da die Verformung an den Kanten als Kerbe wirkt.

Wie gefährlich eine zu große Luft sein kann, geht aus der Untersuchung von Laufrollen einer Hängebahn hervor. Bei 5 Achsen war eine gleichmäßige starke Verformung von mehr als 0,3 mm eingetreten. Nur eine einzige Achse zeigte keine meßbare Veränderung an den Sitzstellen der Lager, obwohl sie unter den gleichen Verhältnissen gearbeitet hatte. Die Nachmessung zwischen den beiden Lagerstellen ergab, daß die zuerst genannten 5 Achsen mit einem Istabmaß von etwa —0,15 mm hergestellt waren, während das Istabmaß für die 6. Achse nur —0,04 mm betrug.

Wenn auch eine derartige Verformung verhältnismäßig selten vorkommt, sollte doch vor allem bei stoßweiser Belastung und bei lose sitzenden Laufringen auf diese Gefahr geachtet werden. In erster Linie ist dafür Sorge zu tragen, daß die Last die zulässige Grenze nicht überschreitet und die Oberflächenbeschaffenheit den Beanspruchungen entspricht. In dem ISA-System sind mehrere Paßgrade für lose sitzende Laufringe enthalten. Wenn aus wirtschaftlichen Gründen eine genügend kleine Luft nicht erreicht und die Oberflächenbeschaffenheit nicht verbessert werden kann, ist ein für die Verhältnisse geeigneter, widerstandsfähiger Werkstoff zu verwenden.

Schon bei den ersten Versuchen mit Kugellagern wurde beobachtet, daß ein lose im Gehäuse sitzender, seitlich nicht verspannter Außenring sich langsam entgegen dem Drehsinn der Welle bewegt, auch wenn er einer die Richtung nicht ändernden Last ausgesetzt ist. Diese Bewegung wird durch die tangentialen Reibkräfte der Rollkörper in den Laufbahnen hervorgerufen. Sie tritt daher dann leicht ein, wenn Axialdrücke vorkommen und die Reibung der Ringe auf der Welle oder im Gehäuse durch Erschütterungen zeitweise aufgehoben wird. Meistens ist der damit in Zusammenhang stehende Verschleiß so unbedeutend, daß der Lauf oder die Wirkungsweise der Lagerung nicht beeinflußt werden. Man kann darin sogar den Vorteil sehen, daß sich die Belastungszone des Laufringes allmählich verschiebt.

Gefährlich ist aber das Wandern eines Laufringes infolge Änderung der Kraftrichtung, sei es, daß der Ring unter einer stillstehenden Belastung rotiert oder die Last im Verhältnis zum stillstehenden Ring umläuft. Der betreffende Laufring führt dann eine regelrechte Abrollbewegung auf der Welle oder im Gehäuse aus. Dieser Vorgang ist in Abb. 105 veranschaulicht. Wenn man annimmt, daß sich die Welle unter der Last ,,P" dreht, dann wird der Innenring von der Reibkraft $\mu_1 P$ mitgenommen, solange die Reibkraft des Lagers $\mu_2 P$ kleiner ist als $\mu_1 P$. Wenn sich die Welle um das Stück $W_0 W_1$ gedreht hat, so daß der Punkt W_1 in der Richtung der Last P liegt, dann ist, falls kein Gleiten eintritt, der Innenring bis I_1 gekommen. Bei weiter fortschreitender Drehung deckt sich W_2 mit I_2, W_3 mit I_3 usw. bis schließlich W_0 als W_8 wieder unter der Belastung steht und sich mit I_8 deckt, d. h. I_0 ist um den Bogen $I_0 I_8 = \pi\,(d_r - d_w)$ gegenüber $W_8 = W_0$ zurückgeblieben.

Der gleiche Vorgang ist zu erwarten, wenn die Welle stillsteht und der Außenring mit dem Gehäuse oder der Nabe umläuft, wobei eine Unwucht P_z hervorgerufen wird, die in bezug auf den Außenring stillsteht, aber im Verhältnis zum Innenring rotiert (Abb. 105). Hat diese Kraft die Richtung P_{z_0}, so findet in den Punkten W_0 und I_0 Berührung statt. Wandert die Unwucht nach P_{z_1}, so liegt die Berührung bei W_1 und I_1 usw. bis sich schließlich I_8 mit $W_8 = W_0$ deckt. In diesem Falle ist also der Innenring gegenüber der stillstehenden Welle vorgeeilt, und zwar ebenfalls um den Bogen $I_0 I_8 = \pi (d_r - d_w)$. Die Drehgeschwindigkeit des Ringes ergibt sich demnach aus

$$n_r = \frac{n_w (d_r - d_w)}{d_r} \quad \text{für sich drehende Welle}$$

und

$$n_r = \frac{n_w (d_r - d_w)}{d_w} \quad \text{für sich drehende Last.}$$

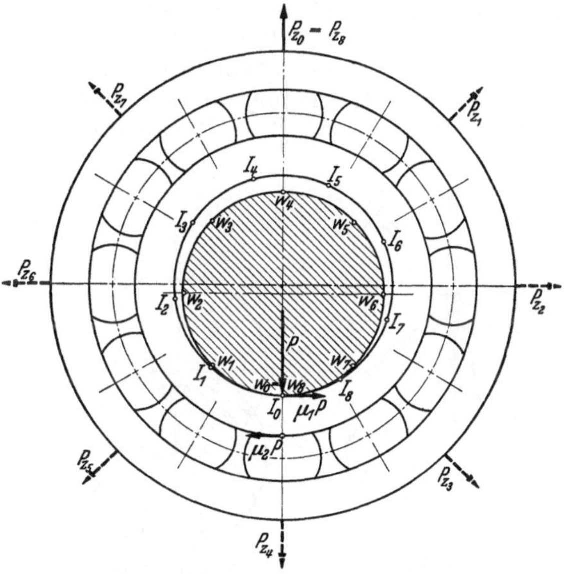

Abb. 105. Erklärung für das „Wandern" eines Laufringes.

Darin bedeutet:

n_r die Drehgeschwindigkeit des „wandernden" Ringes,

n_w die Drehzahl der Welle oder des Gehäuses,

d_r den Durchmesser der Ringbohrung oder Gehäusebohrung,

d_w den Durchmesser der Welle oder des Außenringmantels.

Aus dieser Überlegung folgt:

a) daß ein Laufring die Neigung hat, eine Relativbewegung zu seiner Unterlage, Welle oder Gehäuse, auszuführen, wenn sich die Richtung der Last, bezogen auf den Umfang des Laufringes, ändert,

b) daß die Bewegung um so schneller vor sich geht, je größer die Drehzahl der Welle oder des Gehäuses ist,

c) daß ein Ring um so schneller „wandert", je größer die Luft ist zwischen Welle und Ringbohrung oder zwischen Mantel und Gehäusebohrung.

Je nach der Richtung der Last im Verhältnis zur Laufbahn eines Ringes können folgende „Belastungsarten" vorkommen:

1. Der Ring steht still — die Last steht still.
2. Der Ring rotiert — die Last steht still
oder der Ring steht still — die Last rotiert.
3. Der Ring pendelt — die Last steht still
oder der Ring steht still — die Last pendelt.

Für den Fall 1 soll der Begriff „Punktlast",
Für den Fall 2 soll der Begriff „Umfangslast",
Für den Fall 3 soll der Begriff „Pendellast" eingeführt werden.

Unter „Last" sei die Resultierende aller radialen Lagerdrücke verstanden.

Wenn sich die Belastung aus einer stillstehenden Kraft etwa aus dem Gewicht irgendwelcher Teile und aus einer umlaufenden Kraft als Folge einer Unwucht zusammensetzt, dann kann entweder eine „Pendellast" oder eine „Umfangslast" entstehen, je nachdem ob die Resultierende umläuft oder pendelt. Entsprechend der

Größe der Unwucht im Vergleich zur stillstehenden Kraft ergibt sich eine pendelnde oder umlaufende Last.

In Abb. 106 ist die stillstehende Kraft „P_s“ bedeutend größer als die Unwucht „P_u“. Der Ausschlag ist entsprechend gering. Wächst „P_u“ im Verhältnis zu „P_s“, dann wird auch der Ausschlag größer entsprechend Abb. 107. Bei „P_u“ = „P_s“ ist die Grenze der Pendelung erreicht. Gleichzeitig schwankt die Belastungshöhe zwischen dem Wert $P_s + P_u$ und $P_s - P_u$. In Abb. 107 wird $P_s - P_u = 0$, d. h. die Belastung ist zeitweise vollkommen aufgehoben. Wird $P_u > P_s$, dann ergibt sich, wie Abb. 108 zeigt, eine ringsum laufende Resultierende „R“, deren Größe ebenfalls zwischen $P_u + P_s$ und $P_u - P_s$ schwankt.

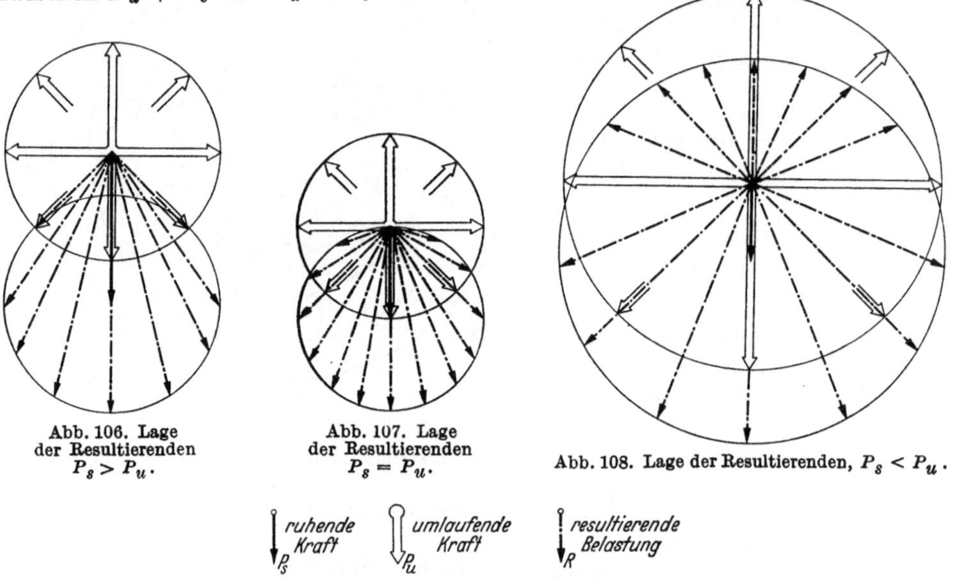

Abb. 106. Lage der Resultierenden $P_s > P_u$.

Abb. 107. Lage der Resultierenden $P_s = P_u$.

Abb. 108. Lage der Resultierenden, $P_s < P_u$.

Für in Betrieb befindliche Lager können sich demnach folgende „Passungsfälle“ ergeben:

1. Die Richtung der „Last“ ändert sich nicht, die Welle dreht sich, das Gehäuse steht still (Abb. 109a).

Dann unterliegt der Innenring einer „Umfangslast“ und der Außenring einer „Punktlast“.

2. Die Richtung der „Last“ ändert sich nicht, die Welle steht still, das Gehäuse dreht sich (Abb. 109b).

Der Innenring steht unter „Punktlast“, der Außenring unter „Umfangslast“.

3. Die Belastung setzt sich aus einer die Richtung nicht ändernden Komponente P_s und einer umlaufenden Komponente P_u zusammen. $P_u < P_s$, d. h. die „Last“ pendelt, die Welle rotiert, das Gehäuse steht still (Abb. 109c).

Dann unterliegt der sich drehende Innenring einer „Umfangslast“, weil die Resultierende R bei jeder Umdrehung immer an einem anderen Punkt der Laufbahn angreift. Der stillstehende Außenring ist dagegen einer „Pendellast“ unterworfen, da die Resultierende während einer Umdrehung des Innenringes zwischen zwei Punkten des Außenringes hin und her pendelt.

4. Die Belastung setzt sich aus einer die Richtung nicht ändernden Komponente P_s und einer umlaufenden Komponente P_u zusammen. $P_u < P_s$, d. h. die „Last“ pendelt, die Welle steht still, das Gehäuse rotiert (Abb. 109d).

Dann ist der stillstehende Innenring einer ,,Pendellast" unterworfen, während der rotierende Außenring unter einer ,,Umfangslast" steht.

5. Die Belastung setzt sich aus einer die Richtung nicht ändernden Komponente P_s und einer umlaufenden Komponente P_u zusammen. $P_u > P_s$, d. h. die ,,Last" rotiert, die Welle rotiert, das Gehäuse steht still (Abb. 109e).

Für den Innenring ergibt sich ,,Pendellast", weil die Resultierende im Verhältnis zum Ring ihre Richtung ändert, und zwar einmal zurückbleibt und einmal voreilt während einer Umdrehung. Der stillstehende Außenring unterliegt dagegen einer ,,Umfangslast".

6. Die Belastung setzt sich aus einer die Richtung nicht ändernden Komponente P_s und einer umlaufenden Komponente P_u zusammen. $P_u > P_s$, d. h. die ,,Last" rotiert, die Welle steht still, das Gehäuse rotiert (Abb. 109f).

Für den Innenring ergibt sich ,,Umfangslast", für den Außenring ,,Pendellast".

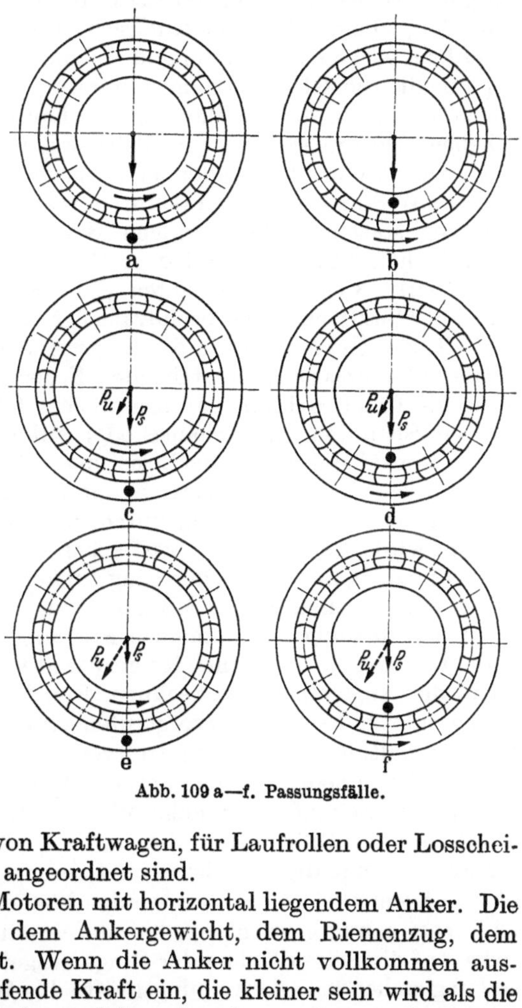

Der Fall 1 kommt am häufigsten vor und kann daher gewissermaßen als normal bezeichnet werden. Bei allen Fahrzeugen, bei denen die Räder fest auf der Achse sitzen und die Belastung auf dem stillstehenden Gehäuse abgestützt wird, liegt die Richtung der Last im wesentlichen fest, wenn man von den Zugkräften, die je nach der Anlage der Achsbuchse an den Führungsleisten einer gewissen Schwankung ausgesetzt sind, und der im Vergleich zum Wagengewicht geringen Unwucht der Räder absieht. Die Welle dreht sich, während die Achsbuchse stillsteht.

Abb. 109 a—f. Passungsfälle.

Ist die Achswelle fest mit dem Wagenkasten verbunden und die Lagerung in der Radnabe angeordnet, dann ist der Fall 2 gegeben. Die Richtung der ,,Last" ändert sich nicht, die Welle steht still, das Gehäuse dreht sich. Der gleiche Passungsfall ergibt sich für Vorderräder von Kraftwagen, für Laufrollen oder Losscheiben, bei denen die Lager in der Nabe angeordnet sind.

Der Fall 3 liegt vor bei normalen Motoren mit horizontal liegendem Anker. Die Belastung setzt sich zusammen aus dem Ankergewicht, dem Riemenzug, dem magnetischen Zug und der Unwucht. Wenn die Anker nicht vollkommen ausgewuchtet sind, stellt sich eine umlaufende Kraft ein, die kleiner sein wird als die stillstehenden Drücke. Die Resultierende pendelt mehr oder weniger stark je nach der Größe der Unwucht und der Drehzahl. Mit diesem Zustand ist immer zu rechnen, wenn es sich um Maschinen handelt, bei denen eine Unwucht mit verhältnismäßig hoher Drehzahl rotiert (Ventilatoren).

Der Fall 4 tritt z. B. bei Elektrorollen mit rotierendem Mantel auf, wenn derselbe nicht vollkommen ausgewuchtet ist. Die Drehzahl ist wahrscheinlich nie so hoch, daß die Unwucht größer wird als das Gewicht.

Fall 5 ist meistens gegeben bei sehr hochtourigen Elektromotoren und Ventilatoren, vor allen Dingen aber bei Maschinen mit vertikaler Welle, weil der radiale Lagerdruck aus dem Gewicht $= 0$ wird, also z. B. bei vertikalen Frässpindeln, Elektromotoren und Zentrifugen. Auch bei Schwingsieben, die auf Unwucht aufgebaut sind, liegt dieser Zustand eindeutig vor.

Der Fall 6 kommt selten vor, weil eine Anordnung mit umlaufendem Gehäuse bei hochtourigen Maschinen oder bei Maschinen mit vertikaler Welle als Spezialausführung gelten kann. Er ist möglich bei Zahnradgetrieben mit Losrädern.

Wenn auch dies „Wandern" der Laufringe theoretisch als reine Rollbewegung vor sich geht, so ist doch ein gewisses Gleiten beider Flächen aufeinander nicht zu vermeiden, allein schon mit Rücksicht auf die immer auftretende Formänderung. Außerdem wirken am Umfang des Laufringes Tangentialkräfte von den Rollkörpern, die die Gleitbewegung unterstützen, vor allen Dingen, wenn Erschütterungen auftreten, die die Reibung der Laufringe auf der Welle oder im Gehäuse aufheben. Die unvermeidlichen Gleitbewegungen rufen einen Verschleiß beider sich relativ zueinander bewegenden Teile hervor.

Diese Wirkung wird noch dadurch erhöht, daß bei der unter hoher spezifischer Belastung stattfindenden geringen Bewegung „Reibrost" gebildet wird. Diese Oxydschicht ist identisch mit dem als Polierrot (Fe_2O_3) bekannten Schleifmittel. Dieses wirkt wegen seiner guten Schneidfähigkeit beschleunigend auf den Verschleiß der Sitzflächen und beeinträchtigt auch die Form der Laufbahnen, wenn es, mit Fett oder Öl gemischt, in die Lager eindringen kann.

Die unter Belastung entstehenden Federungen und Dehnungen der Ringe sind häufig die Ursache dafür, daß sich auch solche Laufringe, die zunächst mit einer gewissen Spannung im Gehäuse oder auf der Welle sitzen, im Laufe der Zeit lockern, sobald die durch die Belastung hervorgerufene Dehnung größer wird als die durch das Übermaß erzeugte Spannung. Dieser Zustand kann besonders leicht eintreten, wenn die Spannung durch dauernde Verformung der Sitzfläche beeinträchtigt wird. Bei gedrehten Sitzflächen wird man daher leicht mit einem Lockern rechnen müssen, auch wenn der Ring zunächst festzusitzen schien, weil die Kuppen der Drehriefen schon bei der Montage oder im Betrieb deformiert werden. Die auf Grund der Messung angenommene Pressung ist in Wirklichkeit nicht vorhanden.

Bei Laufringen, die seitlich festgespannt werden, ist mit einem Fressen oder Verschleiß der Anlagefläche zu rechnen, weil bei jeder Bewegung des Laufringes ein Gleiten unter hoher Last hervorgerufen wird. Auch wenn das „Wandern" des Laufringes verhältnismäßig gering ist, verursacht die große Reibung sowohl in der Bohrung des Innenringes als auch am Mantel des Außenringes, vor allen Dingen aber an den Seitenflächen hohe Wärme, die leicht Spannungen in den Ringen auslöst und zur Rißbildung führt.

Man hat lange die Ansicht vertreten, daß ein „Wandern" der Laufringe durch seitliche Klemmkräfte behoben werden könne. Vor einer solchen Auffassung kann nicht ernst genug gewarnt werden, da einwandfreie Beweise vorliegen, daß auch starke, auf die Seitenflächen der Ringe ausgeübte Drücke und die damit in Zusammenhang stehenden Gleitreibungskräfte das Wandern auf die Dauer nicht verhindern können, wenn ein sich drehender Ring einer Belastung mit unveränderlicher Richtung oder ein stillstehender Ring einer Belastung mit am Umfang veränderlicher Richtung also unter „Umfangslast" lose auf dem Zapfen sitzt. Nimmt man an, daß ein Lager mit 2000 kg belastet ist und der Reibwert zwischen den Seitenflächen des Ringes und den Anlageflächen des Wellenbundes oder der Mutter 0,1 beträgt, so müßte dauernd eine axiale Spannung von mindestens 10000 kg aufgebracht werden, um den Ring in der Schwebe zu halten (Abb. 110). Außerdem führt die unvermeidliche Biegung des Zapfens zu einem Verschleiß an den Seiten flächen, so daß die Spannung bald verlorengeht. Dann ist das Wandern nicht zu verhindern und ein weiterer starker Verschleiß der Seitenflächen die Folge.

Vor einigen Jahren empfahl eine Firma, die sich mit der Herstellung von sog. Bundrollenlagern beschäftigt, für Innenringe einen losen Sitz, obwohl sie dauerndem Kraftrichtungswechsel relativ zum Ring bei stoßweiser, großer Belastung unterworfen waren. Als man immer wieder feststellte, daß die lose Passung zu einem „Wandern" der Ringe und zu einem Verschleiß des Zapfens führte, versah man die Ringe mit Löchern für die Aufnahme von Stahlkugeln, die in der Druckkappe befestigt waren. Es stellte sich jedoch bald heraus, daß auch dieses Mittel das Übel nicht beseitigte. Die Kugeln brachen oder gruben in die Seitenfläche der Druckkappe und des Labyrinthringes lange Rillen. Man schritt deshalb zur zweiten Änderung, indem man den Innenring aus einem Stück herstellte. Diese Bauart ergibt aber eine schwierige Montage. Nach jahrelangen Versuchen, die auch den Abnehmern viel Geld gekostet haben, hat man schließlich vorgezogen, die Bundrollenlager nicht mehr zu empfehlen.

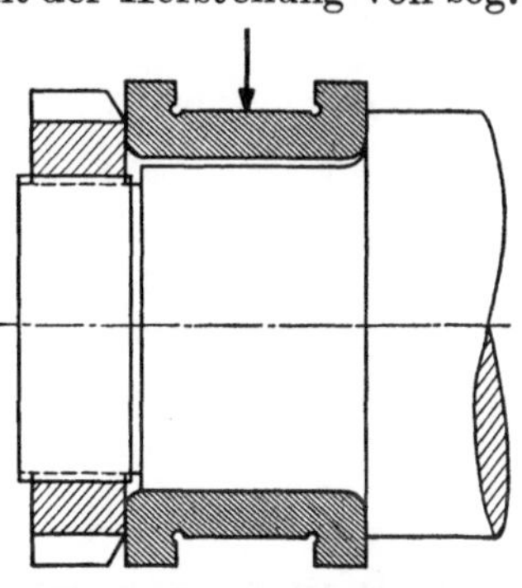

Abb. 110. Bewegungsmöglichkeit eines lose sitzenden, aber seitlich verspannten Innenringes.

Trotz der zahlreichen Mißerfolge und der klaren Erkenntnis ihrer Ursachen wird immer wieder der Wunsch laut, die Laufringe mit Nuten oder Löcher zu versehen. Abgesehen von der gänzlich unbrauchbaren Befestigung, ist eine solche Maßnahme auch deshalb gefährlich, weil die scharfkantige Unterbrechung des Ringprofils leicht Spannungen auslösen kann, die zu Brüchen Veranlassung geben. Lediglich für untergeordnete Verwendungsgebiete, z. B. leichte Landmaschinen, werden heute noch Lager geliefert, die durch einen Stift, der in eine Nute des Laufringes faßt, gehalten werden (Abb. 10).

Das einzige, wirklich zuverlässige Mittel zur Verhinderung des „Wanderns" besteht in einer genügenden Spannung der Laufringe nach dem Einbau. Diese Spannung ist abhängig von dem Übermaß, der Dicke der Laufringe und der Oberflächenbeschaffenheit der Sitzflächen. Es ist aber nicht bekannt, welche Spannung erforderlich ist, um ein Auswalzen, Lockern oder „Wandern" gerade noch zu verhindern.

Die für Wälzlager zweckmäßigen Übermaße und ihre Abstufung nach den Betriebsverhältnissen sind auf rein empirischem Wege gefunden worden. Irgendwelche Angaben über die Abhängigkeit des kleinsten erforderlichen Übermaßes von der Belastung oder Drehzahl bestehen nicht.

Ein Einfluß der durch das Übermaß in den Laufringen entstehenden Spannung auf die Tragfähigkeit konnte bisher nicht festgestellt werden. Man weiß aber, daß auch die möglichen größten Übermaße nur ein Bruchteil der Spannung hervorrufen, die notwendig ist, um wirklich gesunde Laufringe zum Platzen zu bringen. Wegen der relativ größeren Toleranzen liegen die Verhältnisse bei ganz kleinen Lagern ungünstiger als bei großen.

Auch bei den Außenringen hat die Passung einen Einfluß auf die Lagerluft, wenn sie einen festen Sitz erhalten. Bei Außenringen wird man aber mit einer viel größeren Schwankung rechnen müssen als bei Innenringen, weil die Gehäusewandungen in der Dicke sehr verschieden sind und je nach ihrer Federung die Stauchung des Außenringes beeinflussen. Auch die Formfehler der Gehäusesitzflächen sind größer als die der Wellen.

Um den Einfluß der Aufweitung und Stauchung auf die Lagerluft zu zeigen, sei auf die Abb. 111 verwiesen.

Wenn eine Vorspannung in jedem Fall vermieden werden soll, darf die Aufweitung plus Stauchung nicht größer sein als die Lagerluft vor dem Einbau plus der unter der Betriebsbelastung entstehenden Federung. Da die Federung der Kugellager wesentlich größer ist als die der Rollenlager, kann die zulässige Passung der ersteren von der spezifischen Belastung abhängig gemacht werden.

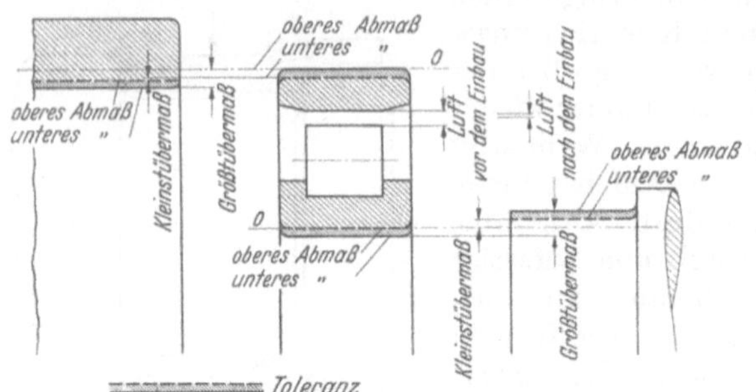

Abb. 111. Einfluß der Aufweitung und Stauchung auf die Lagerluft.

Bei Schrägkugellagern und Kegelrollenlagern sowie bei Pendelrollenlagern mit einem besonderen Laufring für jede Rollenreihe wird die Lagerluft durch die seitliche Verschiebung des einen Laufringes geregelt. Die Passung oder Aufweitung der Ringe wird daher nicht durch die Lagerluft begrenzt. Die obere Grenze der Pressung ist nur bestimmt durch die Sicherheit gegen Bruch oder die Möglichkeit des Ausbauens.

Mit der zunehmenden Verwendung der Wälzlager und der allgemeinen Einführung des Austauschbaues hat man die Methode des Zusammenpassens mehr und mehr verlassen. Abgesehen von einzelnen kleinen Werkstätten ist man auch für die Einbaustücke von Wälzlagern, Welle und Gehäuse zur toleranzhaltigen Herstellung übergegangen. Diese Umstellung wurde wesentlich beschleunigt durch die Normung der Grenzabmaße der Hauptabmessungen der Wälzlager und ihrer Einbaustücke.

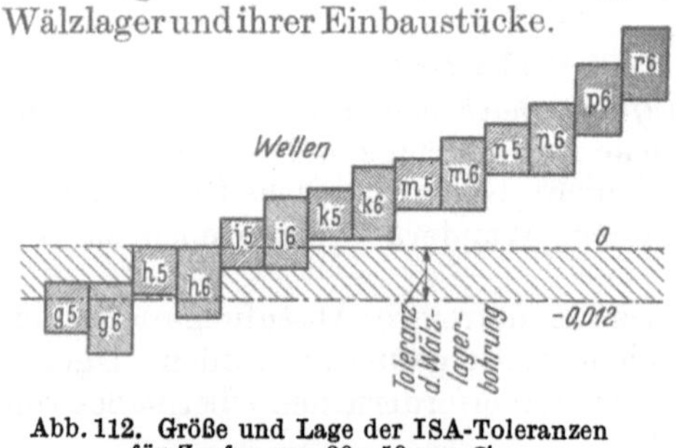

Abb. 112. Größe und Lage der ISA-Toleranzen für Zapfen von 30—50 mm Ø.

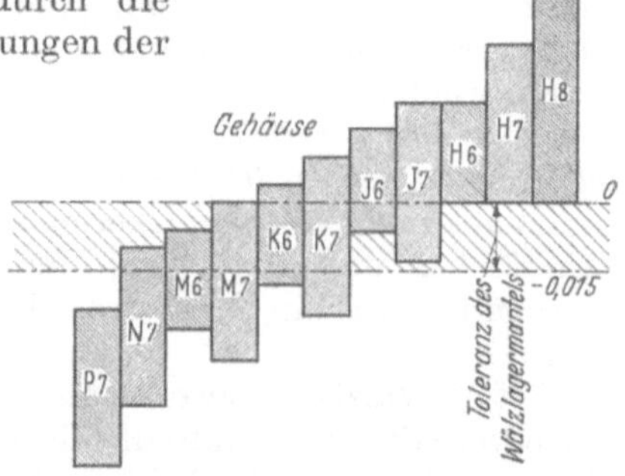

Abb. 113. Größe und Lage der ISA-Toleranzen für Gehäuse von 80—120 mm Ø.

Ausgehend von der Bedeutung der weitverbreiteten Wälzlager als „primäre Marktware" hat man für diese, je nach dem Durchmesser, einheitliche Werte für alle Lagerarten (ausgenommen Schulterkugellager) festgelegt, während für die Gegenstücke (Welle und Gehäuse) unter Berücksichtigung der verschiedenartigen Betriebsverhältnisse, denen die Wälzlager unterliegen können, eine große Anzahl von Toleranzstufen nach Größe und Lage aufgestellt wurden, die sich aber in das allgemeine Passungssystem einordnen. Abb. 112 zeigt die verschiedenen Toleranzfelder für Wellen; Abb. 113 diejenigen für Gehäuse für eine Durchmesserstufe.

Es besteht also die Möglichkeit, die Lagerbohrung mit 14 Toleranzfeldern der

Wellensitzfläche zu 14 verschiedenen „Paßgraden" zu kombinieren. Für Gehäuse sind 11 Toleranzfelder vorhanden, die 11 verschiedene Sitzarten ergeben. Die feine Abstufung ermöglicht geringe, aber wichtige Schwankungen in dem Sitzcharakter. Durch die verschiedenen Gütegrade wird einer wirtschaftlichen Herstellung Rechnung getragen. Jedes Toleranzfeld ist durch einen kleinen oder großen Buchstaben und eine Ziffer gekennzeichnet. Die kleinen Buchstaben gelten für Zapfen, die großen für Gehäuse. Der Buchstabe weist auf die Lage der Toleranz hin, während die Ziffer die Größe der Toleranz (Qualität, Gütegrad) angibt.

Bei der Auswahl einer Passung aus dem ISA-System sind folgende Punkte zu beachten:

1. die Richtung des Druckes,
2. die Höhe des Druckes,
3. der Ein- und Ausbau,
4. die Arbeitsbedingungen,
5. die Lagerart und Lagerluft.

In erster Linie ist für jeden Laufring die *Richtung des Druckes* zu untersuchen, um festzustellen, ob ein Ring festsitzen muß oder lose sitzen kann. Aus der Höhe des Druckes ergibt sich dann das notwendige Übermaß oder die zulässige Luft. Mit Rücksicht auf den Ein- und Ausbau ist oft entgegen den Betriebsbedingungen ein loserer Sitz zu wählen, während die Arbeitsbedingungen der Maschinen einen festeren Sitz erfordern können. Sowohl die Qualität als auch die Lage der Toleranz ist von der Lagerart abhängig.

Wenn die Last ihre Richtung im Verhältnis zum Ringumfang ändert („Umfangslast"), der Ring also entweder unter einer stillstehenden Last rotiert oder eine rotierende Last aus irgendeiner Unwucht auf den stillstehenden Laufring einwirkt, muß ein fester Sitz gewählt werden. Der Laufring darf lose sitzen, wenn die Belastung ihre Richtung im Verhältnis zum Ring nicht ändert („Punktlast"). Er muß aber lose sitzen, wenn er sich axial verschieben muß, um den Wärmedehnungen zu folgen oder wenn, wie bei Kegelrollenlagern oder Schrägkugellagern, mit diesem Laufring das Lagerspiel eingestellt werden soll. In vielen Fällen ist nicht deutlich erkennbar, ob die aus der stillstehenden Belastung und der Unwucht herrührende Resultierende wirklich umläuft oder nur eine mehr oder weniger große Pendelung ausführt („Pendellast"). Auch in diesen „unbestimmten" Fällen sollte man lieber einen festen Sitz wählen, um ganz sicher zu gehen. Bei hoher Drehzahl ist immer die Möglichkeit für „Umfangslast" gegeben.

Der Grad des Festsitzes ist von der *Höhe der Belastung* abhängig. Bei stoßweißem Betrieb ist ein besonders fester Sitz erforderlich, weil weniger die zeitliche Dauer entscheidend ist, als die absolute Höhe der Last; da die Stöße nicht in vollem Umfang bei der Lagerwahl berücksichtigt werden, ist die Lagergröße und damit das Ringprofil nicht der höchsten Belastung angepaßt. Die dann auftretenden Spannungen sind daher verhältnismäßig hoch. Leider kann nicht angegeben werden, bei welcher Belastung und welchem Übermaß ein Ring sich aufwalzt. Man kann sich daher nur auf Erfahrungen stützen. Immerhin ist es zweckmäßig, denjenigen Sitz zu wählen, der für die betreffende Lagerart gerade noch verwendbar ist.

Die zulässige Größe der Luft der Laufringe im Gehäuse oder auf der Welle ist von der Höhe der Belastung, von der Oberflächenbeschaffenheit und der Widerstandsfähigkeit oder Härte des Werkstoffes abhängig. Bei gleicher Luft ist die spezifische Pressung in der Berührungsfläche des Innenringes auf der Welle wesentlich größer als die des Außenringes im Gehäuse. Infolgedessen ist dort eine weniger große Luft zulässig als am Außenring unter ähnlichen Betriebsverhältnissen. Der Grad der Verformung hängt von der höchsten Belastung ab, die auftreten kann.

Stöße sind deshalb besonders gefährlich und bedingen eine kleine Luft. Die Oberflächenbeschaffenheit und die Härte des Werkstoffes sind von Fall zu Fall zu berücksichtigen. Wegen der Verklemmungsgefahr ist ein loser Sitz bei geteilten Gehäusen immer erforderlich. Sie können daher nicht verwendet werden, wenn eine geringe Luft oder sogar ein fester Sitz des Außenringes verlangt wird.

Mit Rücksicht auf einen bequemeren *Ein- und Ausbau* der Lager muß oft auf den durch die Betriebsverhältnisse bedingten Sitz verzichtet werden. Man sollte jedoch bei der Entscheidung möglichst denjenigen Faktor als ausschlaggebend betrachten, der die Betriebssicherheit am meisten beeinflußt. In vielen Fällen kann durch die Wahl einer geeigneten Lagerart auch ein leichter Ein- und Ausbau erzielt werden. Bei ganz kleinen Lagern ist die Passung insofern von dem Einbau abhängig, als die dünnen Wellen leicht krumm gezogen werden. Aus diesem Grunde muß das Übermaß beschränkt werden.

Auch mit Rücksicht auf die *Arbeitsbedingungen* der Maschine kann ein fester Sitz notwendig sein. Wenn z. B. eine hohe Laufgenauigkeit verlangt wird, ist es zweckmäßig, den Außenring am Wandern zu hindern, um den Einfluß des Schlages dieses Ringes auszuschalten. Eine Lagerung mit geringem Spiel kann nur erzielt werden, wenn auch die Laufringe auf der Welle oder im Gehäuse ohne Luft angeordnet sind.

Eine Begrenzung des Übermaßes ist durch die *Lagerart* und *Lagerluft* gegeben. Bei einreihigen Schrägkugellagern und Kegelrollenlagern, den sog. „offenen Lagern" ist der Grad des Festsitzes nur von der Montage der Laufringe abhängig. Bei allen „geschlossenen" Querlagern muß auf die Lagerluft Rücksicht genommen werden. Kugellager besitzen im allgemeinen eine kleinere Luft als Rollenlager. Diese sind aber wesentlich starrer als Kugellager, d. h. der Unterschied zwischen der Radialluft und dem Radialspiel ist bei Kugellagern bedeutend größer. Hierin liegt in passungstechnischer Hinsicht ein großer Vorteil, insofern als mit zunehmender Last eine strammere Passung verwendet werden kann.

Bei der Wahl der Passung von Kugellagern muß also die spezifische Belastung des Lagers beachtet werden, weil bei relativ kleiner Last ein geringeres Übermaß zugelassen werden darf als bei relativ großer Last. Bei einer spezifischen Belastung von 1—5 kg/mm² kann für alle Kugellager von 18—100 mm Bohrung die Passung $k\,5$ verwendet werden. Für Lager über 100 mm Bohrung ist die Passung $m\,5$, für Lager unter 18 mm Bohrung die Passung $j\,5$ zweckmäßig.

Da die spezifische Belastung nicht aus den Katalogen der Wälzlagerfirmen zu entnehmen ist, sei darauf hingewiesen, daß für $s = 2$ eine genügend hohe spezifische Belastung bei Radiaxlagern bis 1500 Umdrehungen und für $s = 3$ eine genügende Ausnutzung bis 500 U/min gegeben ist. Für $s = 4$ liegt die Grenzdrehzahl bei etwa 150 U/min. Bei höheren Drehzahlen muß bei der betreffenden Sicherheit eine weniger feste Passung als k gewählt werden.

Bei Zylinderrollenlagern ist zu empfehlen

für Lager bis 40 mm Bohrung	$k\,5$
„ „ über 40 . . . 160 mm Bohrung .	$m\,5$
„ „ „ 160 . . . 225 mm „ .	$n\,6$
„ „ „ 225 mm Bohrung	$p\,6$

Bei Pendelrollenlagern ist zu empfehlen

für Lager bis 100 mm Bohrung	$m\,5$
„ „ über 100 . . . 200 mm Bohrung .	$n\,6$
„ „ „ 200 . . . 355 „ „ .	$p\,6$
„ „ „ 355 mm Bohrung	$r\,6$

Die „Qualität“ oder die zulässige Größe der Toleranz richtet sich nach der Lagerart und den Betriebsverhältnissen. Kleine „geschlossene“ Kugellager — Rillenlager und Pendellager — bedingen in vielen Fällen wegen der hohen Drehzahl und der damit verbundenen „unbestimmten“ Druckrichtung einen genügend festen Sitz. Die Einwirkung auf die Lagerluft darf aber ein gewisses Maß nicht überschreiten. Aus diesem Grunde wird die Qualität „5“ verwendet, zumal das Schleifen der Sitzflächen innerhalb der zur Verfügung stehenden Toleranz keine besonderen Schwierigkeiten macht und die Kosten eines Ausschußstückes nicht sehr ins Gewicht fallen. Auch für größere Lager wird diese Qualität benutzt, wenn die Auf-

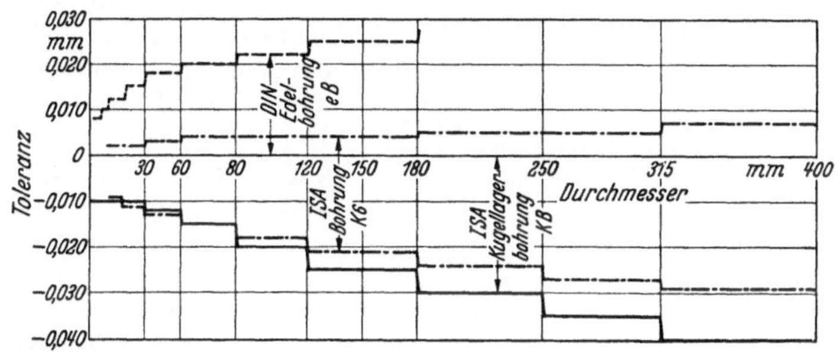

Abb. 114. Lage der Toleranz der DIN-Edelbohrung eB, ISA-Wälzlagerbohrung KB und ISA-Bohrung K 6.

weitung mit Rücksicht auf die Lagerluft beschränkt werden muß. Dies ist immer der Fall bei Zylinderrollenlagern und Kugellagern. Bei einreihigen Schrägkugellagern und Kegelrollenlagern fällt der Einfluß der Lagerluft fort. Es ist also auch ein großes Übermaß jederzeit zulässig. Wenn *k* 5 für Zylinderrollenlager notwendig ist, kann für Kegelrollenlager unter den gleichen Verhältnissen *k* 6 verwendet werden. Das gleiche gilt für *m* 5 und *m* 6 bzw. *n* 5 und *n* 6. Die geschlitzten Spannhülsen und Abziehhülsen ermöglichen die Überbrückung einer recht großen Toleranz. Bei

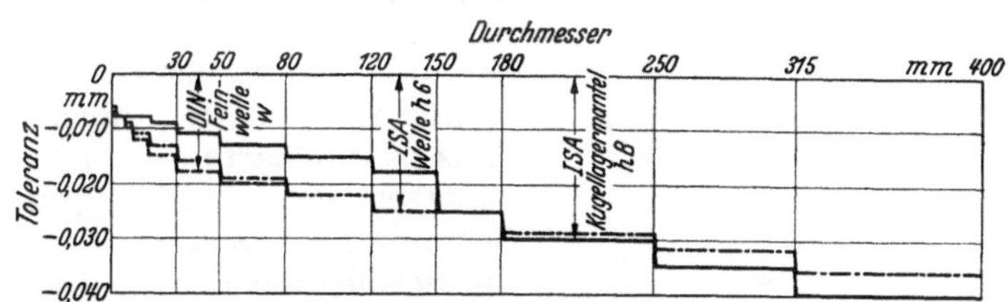

Abb. 115. Lage der Toleranz der DIN-Feinwelle W, des ISA-Wälzlagermantels hB und der ISA-Welle h 6.

dieser Befestigung der Lager kann daher unbedenklich der Gütegrad „7“ Anwendung finden. Wenn die Unrundheit beschränkt wird, ist sogar die Qualität „10“ geeignet.

Für Gehäusesitzflächen gilt Qualität „6“ als feinster Gütegrad. Eine weitere Beschränkung ist wegen der wesentlich größeren Bearbeitungsschwierigkeit und der Gefahr des Verziehens, die eine engere Toleranz illusorisch machen würde. Die gröberen Qualitäten „7“ und „8“ sind immer zulässig, wenn Belastung und Drehzahl gering sind. Die Qualität „6“ bei den Toleranzfeldern *M*, *K*, *J* und *H* ist in erster Linie für kleine und mittlere Lager vorzusehen, bei denen die Lagerluft in empfindlicher Weise beeinflußt werden kann.

Wenn bei Wälzlagern von ISA-Passungen gesprochen wird, ist zu beachten, daß die Toleranz des Mantels nicht genau mit *eW* oder *W* „Einheitswelle“ übereinstimmt und die Grenzabmaße der Bohrung vollkommen von der „Einheitsbohrung“ abweichen, weil die Nullinie das obere Grenzabmaß darstellt (Abb. 114 u. 115).

2,32. Axiale Befestigung und Sicherung der Laufringe.

Obwohl man in vielen Fällen annehmen kann, daß sich die axiale Lage aufgepreßter Laufringe nicht ändert, ist es oft aus Gründen der Sicherheit notwendig, eine Begrenzung in Achsrichtung vorzunehmen. Die dafür in Betracht kommenden Befestigungsanordnungen sind verschiedenartig, je nach der Bauart der Maschine und ihrer Teile. Eine normale Ausführung zeigt Abb. 116. Der zylindrische Innenring liegt auf der einen Seite an einem Wellenbund, auf der anderen Seite sitzt eine Ringmutter, die mit mehreren Nuten versehen ist, um in möglichst vielen Stellungen durch einen Lappen des Sicherungsbleches festgehalten werden zu können. Statt der Wellenbunde werden auch häufig Abstandshülsen benutzt.

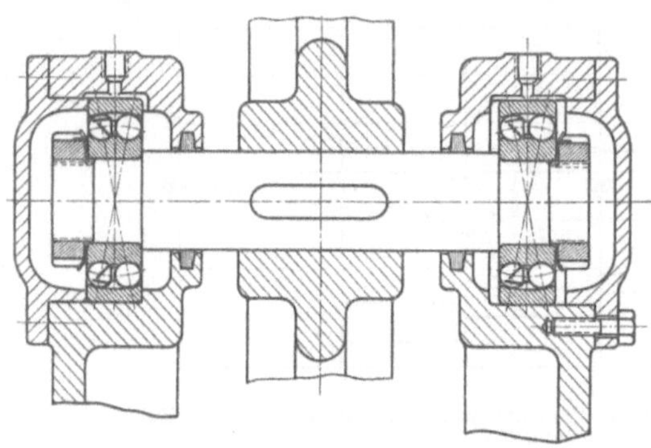

Abb. 116. Lagerung einer Bandsäge.

In Abb. 117 wird eine mit Schrauben befestigte Scheibe zur axialen Begrenzung benutzt. Auf der anderen Seite stützt sich der Innenring gegen die Seitenfläche des Labyrinthringes ab, der seinerseits an einem Wellenbund liegt. In solchen Fällen ist darauf zu achten, daß die Abstandshülse, also hier der Labyrinthring, gegenüber der Hohlkehle genügend weit vorsteht, um zu vermeiden, daß die Rundungsfläche des Lagers die Hohlkehle berührt. Auch die innere Hülsenkante darf nicht in der Hohlkehle aufsitzen. Bei Verwendung einer einzigen Schraube muß dafür gesorgt werden, daß die Scheibe am Drehen gehindert wird.

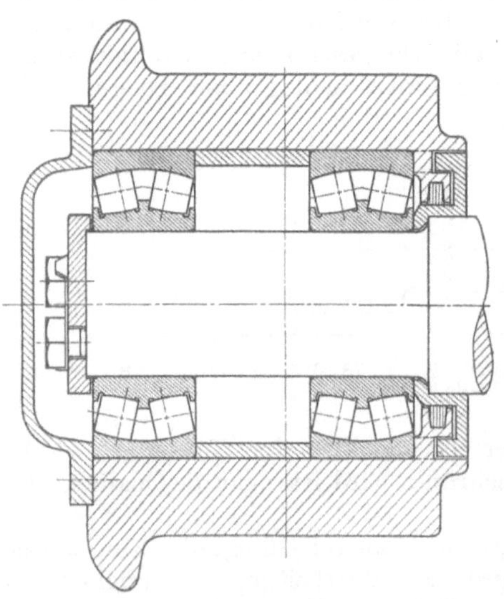

Abb. 117. Laufrolle für das Raupenband eines Baggers.

Besondere Beachtung verdient die Befestigung der Innenringe von Kegelrollenlagern bei Vorderrädern von Kraftwagen oder Losrädern von Förderwagen. Eine Anordnung mit einer verhältnismäßig schmalen Ringmutter und der normalen Blechsicherung genügt in vielen Fällen nicht. Da die Innenringe nur lose angestellt werden können, erhält das Gewinde der Mutter keine genügende Spannung, um sich einem Lockern zu widersetzen. Deshalb muß in solchen Fällen für eine kräftige Sicherung gesorgt werden (Abb. 118). Damit die aus einem „Wandern“ des Innenringes herrührenden Reibkräfte nicht auf die Mutter übertragen werden, ist zwischen Innenring und Mutter eine Scheibe eingeschaltet, die mit einer Nase in eine Nut der Welle faßt. Dadurch wird gleichzeitig der Vorteil erreicht, daß das Sicherungsblech nicht beansprucht und ein Abscheren des Lappens vermieden wird.

Bei geringen Längsdrücken kann als axiale Befestigung ein Sprengring benutzt werden. Dann muß aber ein gewisses Spiel in Achsrichtung in Kauf genommen werden, weil sich solche Sprengringe nicht mit axialer Spannung einsetzen lassen. Für untergeordnete Fälle können auch Stellringe mit Madenschraube, Splinte, Kerbstifte oder Spannstifte als Sicherung verwendet werden.

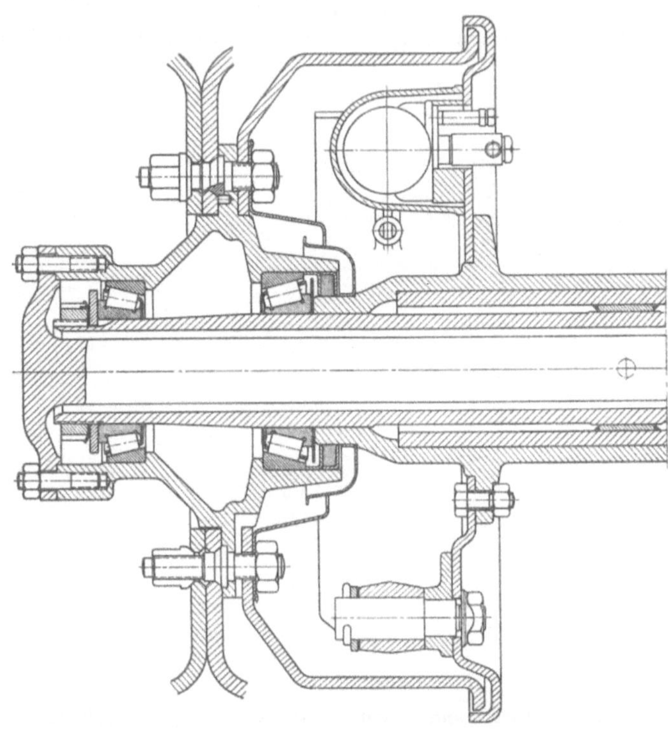

Abb. 118. Hinderradlagerung eines Lastkraftwagens.

Bei Spannhülsen wird normalerweise keine axiale Begrenzung vorgesehen. Man rechnet damit, daß die Reibung zwischen Hülse und Zapfen genügt, um die normalen Schubkräfte, etwa aus der Wärmedehnung, aufzunehmen. Das gleiche ist der Fall bei den sog. Klemmhülsen, die durch Umbiegen der dünnen Ecken gesichert werden. Für hohe axiale Belastung sind diese Befestigungsanordnungen nicht verwendbar, es sei denn, daß eine Sicherung gegen seitliche Bewegungen vorgesehen wird (Abb. 119). An sich gehören zwar erhebliche Kräfte dazu, um die Reibung zu überwinden. Da diese jedoch von dem Grad des Festspannens abhängt, besteht keine genügende Sicherheit dafür, daß die vorkommenden Schubkräfte tatsächlich aufgenommen werden können.

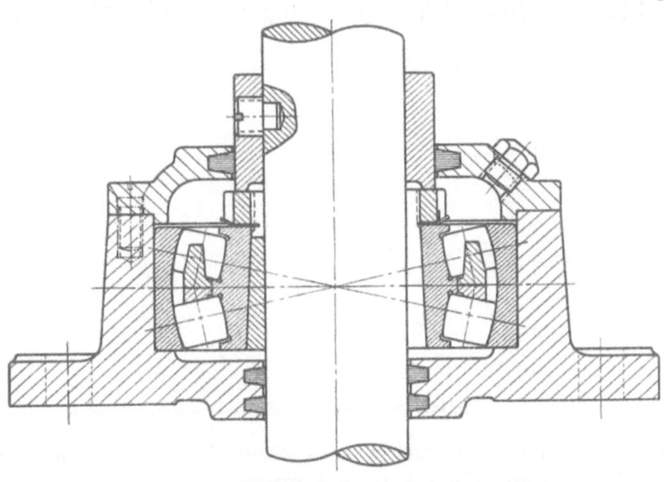

Abb. 119. Lager einer kleinen vertikalen Wasserturbine.

Die Anordnung von Spannhülsen hat den Vorteil, daß eine axiale Befestigung durch Muttern oder Schrauben nicht erforderlich ist. Es ist aber schwierig, die Lage in Achsrichtung genau zu bestimmen. Deshalb muß in den Gehäusen seitlich genügend Luft vorgesehen werden. Um diesen Mangel zu beseitigen, kann auch eine Ausführung entsprechend Abb. 120 gewählt werden, bei welcher sich die Seitenfläche des Innenringes gegen einen Abstandsring stützt. Diese Anordnung gewährt

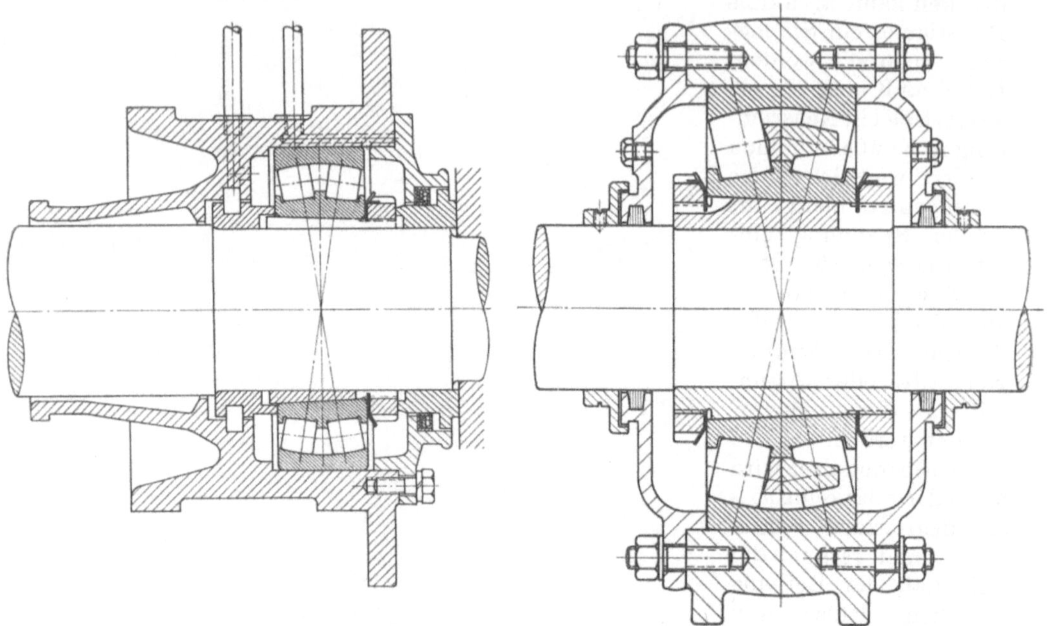

Abb. 120. Lager einer Antriebswelle für Turas. Abb. 121. Schiffsdrucklager für kleine Schiffe.

gleichzeitig einen leichten Ausbau. Ein anderes Mittel zur Begrenzung der axialen Bewegungen besteht in einem Einschnitt von der Länge der Hülse, die dann zweiteilig ausgeführt werden muß, um zwischen die Wellenschultern eingelegt werden zu können. Eine solche Ausführung zeigt Abb. 121. Hier ist auch auf der anderen

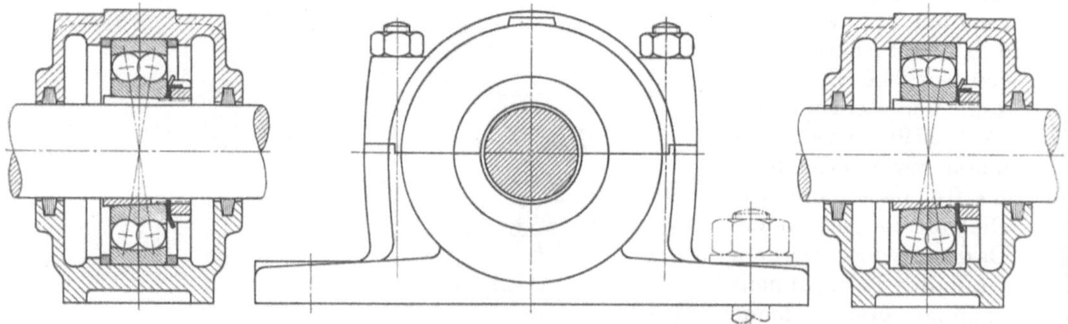

Abb. 122. Stehlager (Festlager-Loslager), Stehlagergehäuse geteilt.

Seite der Hülse eine Mutter vorgesehen, die nur den Zweck hat, den Innenring leicht von dem Konus abtreiben zu können.

Die axiale Befestigung der Außenringe erfolgt durch Anlageflächen des Gehäuses oder der Deckel. Bei geteilten Stehlagergehäusen werden zur axialen Begrenzung Festringe vorgesehen, die entweder an den Gehäuseschultern abgestützt werden

(Abb. 122), oder in Nuten liegen damit die gleichen Gehäuse für die Loslager Verwendung finden können. Bei Spezialgehäusen, die nur in einzelnen Stücken angefertigt

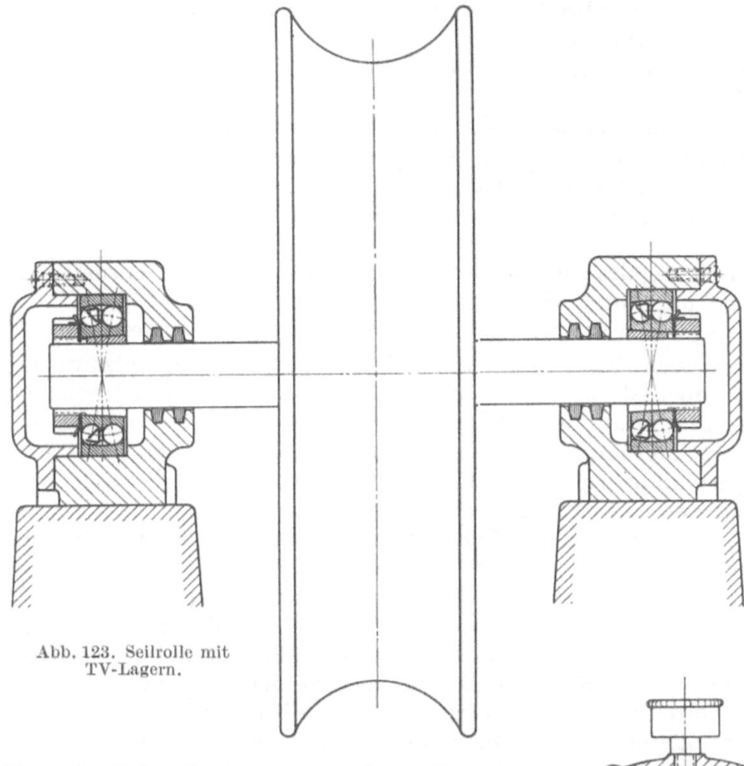

Abb. 123. Seilrolle mit TV-Lagern.

werden, bilden die Seitenflächen unmittelbar die Begrenzung für die Bewegung des Außenringes. Das Loslagergehäuse wird mit entsprechend größerer Entfernung der Anlageflächen ausgeführt. Bei geteilten Gehäusen mit beiderseits angegossenen Seitenwänden ist also eine genaue Festlegung des Führungslagers nicht möglich; es bleibt immer eine gewisse Luft wegen der notwendigen Toleranz der Außenringbreite und des Maßes zwischen den Anlageflächen.

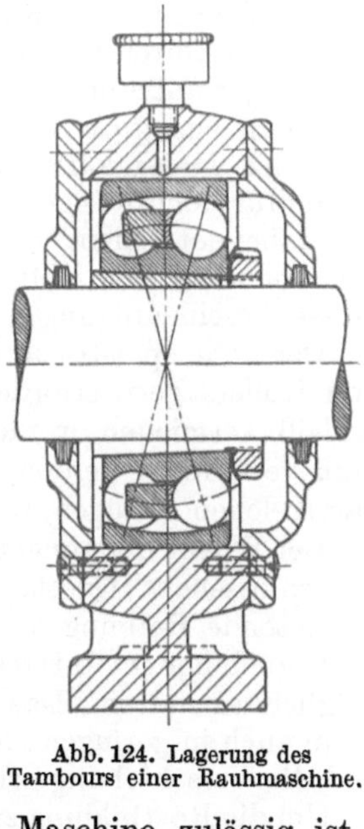

Bei Gehäusen mit einteiligen Tragkörpern benutzt man entweder die Ausführung nach Abb. 123 oder die Form Abb. 124. Die Ansätze der Deckel des Festlagers sind so zu bemessen, daß der Laufring entweder festgespannt wird oder eine seitliche Luft von etwa 0,1 ... 0,2 mm besitzt. Die letztere Ausführung hat den Vorteil, daß die Deckelflanschen fest am Gehäuse liegen und eine einfache Papierscheibe als Dichtung genügt. Sie kann aber nur verwendet werden, wenn die dabei entstehende Luft auf Grund der Arbeitsbedingungen der Maschine zulässig ist. Werden die Außenringe mit den Ansätzen der Deckel festgespannt, dann entsteht Luft zwischen dem *Flansch* und dem Gehäuse, die durch eine elastische Packung ausgeglichen werden muß.

Abb. 124. Lagerung des Tambours einer Rauhmaschine.

2,4. Schmierung.

Die Aufgabe der Schmierung besteht darin:

a) ein Fressen der Rollkörper auf den Laufbahnen zu vermeiden und den Rollwiderstand zu vermindern,

b) einen Druckausgleich auf den die Belastung aufnehmenden nicht vollkommen glatten Flächen herbeizuführen,

c) die Reibung und damit den Verschleiß der Rollkörper an den Käfigtaschen und der Käfigbohrung oder dem Käfigmantel auf den Schultern oder Borden der Laufringe möglichst klein zu halten,

d) die Reibung und den Verschleiß oder ein Fressen an den Bordflächen zu verringern,

e) die Reibung des Außenringes im Gehäuse oder des Innenringes auf der Welle bei Verschiebung durch Wärmedehnung zu vermindern,

f) das Lager vor Verunreinigungen und Wasser zu schützen.

Wie bereits in dem Abschnitt „Reibung" auseinandergesetzt wurde, entstehen auch beim Rollen Gleitbewegungen. Da diese unter ungewöhnlich hohem spezifischen Druck erfolgen, würde ein „Anschmieren" oder Fressen eintreten, wenn kein Öl zwischen den Berührungsflächen der Laufbahnen vorhanden wäre. Die Gleitbewegungen sind jedoch sehr klein. Die Schmierung übt daher keinen wesentlichen Einfluß auf den gesamten Rollwiderstand aus.

Auch durch Schleifen und Polieren ist es nicht möglich, eine vollkommen glatte Oberfläche herzustellen. Wegen der ungewöhnlich hohen spezifischen Belastung muß dafür gesorgt werden, daß die der Berechnung zugrunde gelegte Berührungsfläche auch praktisch wirklich vorhanden ist. Der Ölfilm ist daher äußerst wichtig als Druckausgleich für die kleinsten Ungleichmäßigkeiten der Oberfläche.

Der Verschleiß des Käfigs muß verhindert werden. Eine Erweiterung der Taschen führt zum Durchsacken des Käfigs und schließlich zur Beschädigung des Lagers. Wegen der außerordentlich hohen Gleitgeschwindigkeit zwischen Käfig und Rollkörper ist eine gute Schmierung erforderlich. Manche Käfigbauarten, wie z. B. die normalen Massivkäfige für Pendelrollenlager und Zylinderrollenlager, aber auch solche für hochtourige Kugellager, werden auf den Schultern der Borde zentriert. Die dabei entstehenden Gleitbewegungen bedingen eine gute Schmierung, ganz besonders wenn der Käfig, wie z. B. bei Pleuellagern und Schüttelsieben, starken Massenbeschleunigungen ausgesetzt ist.

Der hohe spezifische Druck und die hohe Gleitgeschwindigkeit an den Borden von Rollenlagern erfordern eine sorgfältige Schmierung, wenn Fressen oder Verschleiß vermieden werden soll. Auch eine Verschmutzung des Schmiermittels muß verhindert werden, da schon geringe Mengen Staub oder andere Verschleißpartikelchen genügen, um Abnutzungserscheinungen hervorzurufen.

Bei Wärmedehnungen verschiebt sich der Außenring oder der Innenring eines „geschlossenen" Querlagers seitwärts im Gehäuse oder auf der Welle. Die dabei auftretende Reibung muß von den Lagern als Axialdruck aufgenommen werden. Es liegt daher im Interesse der Lebensdauer der Lager, diese Kräfte so klein wie möglich zu halten. Das im Lagergehäuse befindliche Schmiermittel, das immer, wenn auch in geringen Mengen, unter die Ringe dringt, soll ein Fressen verhindern und die Verschiebung erleichtern.

Um die Rostbildung zu vermeiden, ist es dringend erforderlich, daß alle Flächen, in erster Linie die Laufbahnen, dauernd mit Öl oder Fett benetzt sind. Roststellen in der Laufbahn verringern die Tragfähigkeit, weil sie die Berührungsfläche verkleinern. Außerdem übt Rost eine stark schleißende Wirkung aus. Die Rostbildung kann dadurch zustande kommen, daß von außen Wasser eindringt, wenn die Abdichtung nicht genügend ist oder die Lager Witterungseinflüssen ausgesetzt sind. In vielen Fällen werden die Lager schon bei der Montage durch Rost beschädigt, wenn sie nicht sorgfältig geschützt sind oder säurehaltige Waschmittel benutzt werden. Das Schmiermittel füllt den Spalt aus zwischen Gehäuse und Welle. Schmutz- und Staubteilchen werden daher schon außen festgehalten. In vielen Fällen bildet sich eine Kruste, die wie eine Dichtung wirkt. In besonders staubigen Betrieben kann man eine besondere Schmierung für den Spalt vorsehen. Das Fettpolster neben dem Lager dient als Schutz gegen ein weiteres Vordringen von Schmutzteilchen.

Da die Reibung in einem Wälzlager von viel geringerer Bedeutung ist als in einem Gleitlager, wird auch die Auswahl des Schmiermittels nach anderen Gesichtspunkten vorgenommen. Die Viskosität des Öles z. B. spielt bei Wälzlagern nur eine geringe Rolle. Grundsätzlich können alle Schmiermittel verwendet werden, die keinen Rost erzeugen und keine schmirgelnden Teile enthalten. In erster Linie kommen natürlich Öle und Fette in Betracht. Gleitlager erfordern im allgemeinen ständige Wartung und häufige Nachschmierung, da die für die Bildung des Ölfilms benötigte Menge verhältnismäßig groß ist. Außerdem ist in den meisten Fällen mit einem allmählich fortschreitenden Verschleiß zu rechnen. Die in immer größerer Menge in den Schmierstoff dringenden, feinen Metallteilchen erhöhen diese Wirkung im Laufe der Zeit. Hinzu kommt, daß die Dichtung in vielen Fällen ungenügend ist. Das Schmiermittel wird dann auch von außen her in starkem Maße mit schmirgelnden Bestandteilen gemischt. Bei Wälzlagern ist dagegen die Beanspruchung des Schmiermittels und auch der Verschleiß äußerst gering und die Dichtung im allgemeinen sehr wirksam. Vielfach ist eine Erneuerung des Schmiermittels nur erforderlich, wenn ein zu großer Verlust eingetreten ist. Dann kommt es darauf an, die Lagergehäuse nach außen so gut wie möglich abzudichten oder dasjenige Schmiermittel zu verwenden, das die größte Sicherheit gegen Austreten bietet.

Für die Wahl des einen oder anderen Schmiermittels, Fett oder Öl, sind folgende Faktoren maßgebend:

1. Eine einmalige Füllung des Lagergehäuses soll möglichst lange Zeit mit Sicherheit vorhalten.

2. Die Erneuerung des Schmiermittels muß einfach bewerkstelligt werden können.

3. Das Lager muß auch unter ungewöhnlichen Verhältnissen vor Rost geschützt werden.

4. Die jeweiligen Betriebsverhältnisse: hohe Drehzahl, hohe Temperatur, Witterungs- oder chemische Einflüsse, dürfen die Schmierung nicht beeinträchtigen.

5. Die Konstruktionsbedingungen — leichte Zugänglichkeit, gute Abdichtung auch bei vertikaler Anordnung, geringer Platzbedarf — müssen erfüllt werden.

Ganz allgemein kann man die Vorteile und Nachteile für die eine oder andere Schmierungsart wie folgt zusammenfassen:

Öl ergibt die günstigsten Reib- und Schmierverhältnisse im Lager, wenn es in geringen Mengen zur Anwendung kommt. Der Unterschied gegenüber Fett ist jedoch gering, so daß nur in Sonderfällen aus diesem Grunde zur Ölschmierung gegriffen werden muß.

Der weitaus größte Teil der im Lager befindlichen Ölmenge wird zur Schmierung herangezogen. Bei Fett wird dieser Zustand nur dann erreicht, wenn die Konsistenz für die *Betriebstemperatur* richtig gewählt ist. Bei allen langsam laufenden Lagern können die Verhältnisse leicht richtig abgestimmt werden. Bei Lagern mit einer

Betriebstemperatur über 50° oder bei hoher Drehzahl ist dieser Idealzustand jedoch nur schwer zu erreichen. Entweder wird das Fett zu weich und fließt zu schnell ins Lager zurück oder es ist zu steif, so daß nur ganz geringe Mengen an der Schmierung teilnehmen.

Gute Ölsorten sind in großer Zahl auf dem Markt. Bei Fetten gibt es dagegen nur wenig brauchbare Marken. Die Schmierfähigkeit des Öles wird auch durch die Temperatur viel weniger beeinflußt als das Fett. Bei Fett besteht über 50 bzw. 70° immer mehr oder weniger die Gefahr des Zerfalles.

Öl kann in ganz geringen Mengen, sogar fein zerstäubt, zugeführt werden. Fett läßt sich nicht so vorsehen, daß mit Sicherheit nur die kleinste wünschenswerte Menge in das Lager gelangt.

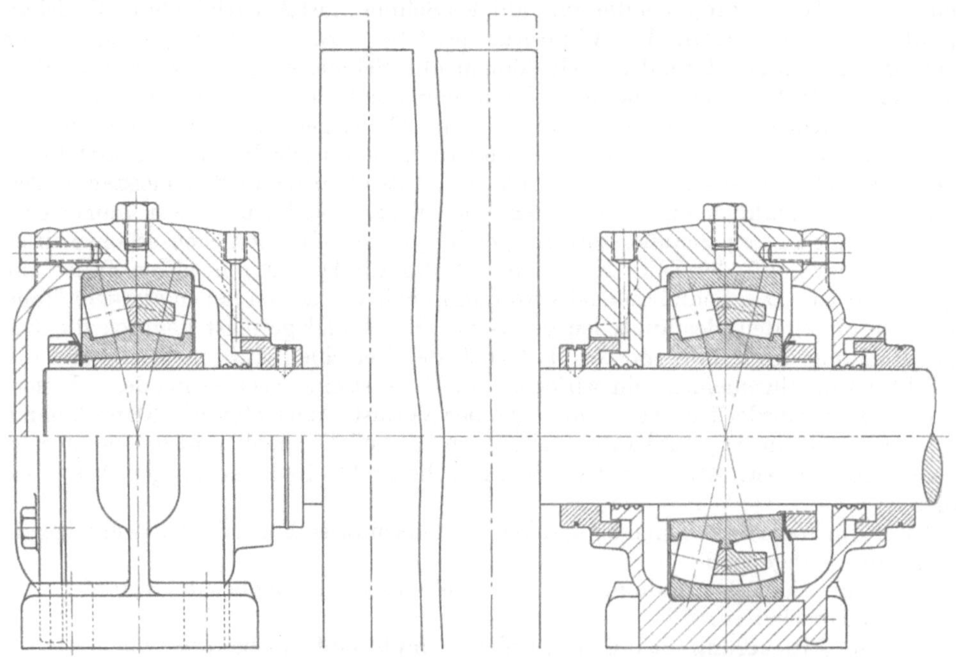

Abb. 125. Lagerung einer Stützrolle mit Pendelrollenlagern auf Spannhülsen.

Das Reinigen der Lager bei Fettschmierung ist je nach den Betriebsverhältnissen und Einbaubedingungen meistens unbequem oder sogar schwierig. Öl kann leicht abgelassen und erneuert werden.

Fett bildet mit eindringendem Staub eine schmirgelnde Paste. Bei Öl setzen sich die Fremdkörper auf dem Boden ab, ohne das Lager zu gefährden, wenn nicht durch Förderscheiben der Ölvorrat aufgerührt wird.

Mit Öl geschmierte Lagergehäuse können nur schwer wirklich zuverlässig abgedichtet werden. Es gibt keine bestimmten Konstruktionsregeln. Man ist fast immer auf Versuche angewiesen. Fett hält sich leicht im Gehäuse, solange es nicht flüssig wird. Ölschmierung erfordert daher häufige Kontrolle. Bei Fett können mit ziemlich großer Sicherheit lange Laufzeiten festgelegt werden. Ölschmierung bedingt für die Abdichtung mehr Platz und sorgfältige konstruktive Durchbildung. Bei Fett genügt in vielen Fällen ein einfacher Spalt oder ein Filzring. *Im allgemeinen besteht daher bei Fettschmierung und horizontaler Anordnung höhere Betriebssicherheit. Dieser Vorteil ist so groß, daß in den meisten Fällen Fettschmierung vorgezogen wird.*

Wenn die Verhältnisse es zulassen, sollte auf beiden Seiten eines jeden Lagers eine ausreichend große Fettkammer vorgesehen werden (Abb. 125). Bei zwei Lagern in einem Gehäuse begnügt man sich im allgemeinen mit dem Raum zwischen den beiden Lagern, da das Fett auch nach außen dringt.

Für vertikale Wellen ist Fettschmierung meistens unzweckmäßig, da eine zuverlässige Dichtung schwer zu erzielen ist. Außerdem muß das Gehäuse so vollgepackt werden, daß tatsächlich jedes Lager sicher mit Fett in Berührung kommt. Bei geringer Drehzahl ist es möglich, das Gehäuse fast ganz zu füllen. Liegen die Lager weit auseinander, wie bei der Seitenrolle einer Trockentrommel (Abb. 126), dann muß das obere Lager in irgendeiner Weise so abgeschlossen werden, daß sich genügend Fett halten kann. Die beiden unteren Lagersysteme müssen aber fast vollkommen im Fett stehen. Bei höherer Drehzahl ist daher die Fettschmierung, wenn mehrere Lager übereinandersitzen, nicht zu empfehlen.

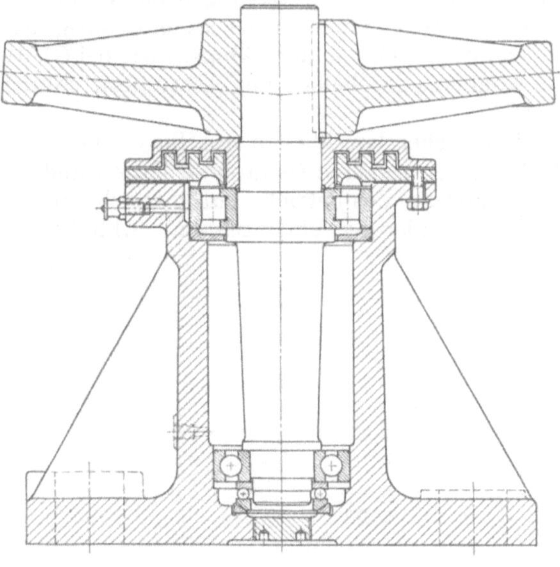
Abb. 126. Lagerung der Seitenrolle einer Trockentrommel.

In vielen Fällen verzichtet man auf eine besondere Schmieröffnung, z. B. bei geteilten Stehlagern, weil es verhältnismäßig einfach ist, die Oberhälfte abzunehmen. Hiermit ist gleichzeitig der Vorteil verbunden, daß bei der Nachschmierung das alte Fett entfernt werden kann und eine zu große Fettfüllung vermieden wird. Bei kleinen Maschinen, die nur stundenweise benutzt werden, z.B. Staubsaugern, genügt eine Fettfüllung so lange Zeit, daß auf eine besondere Schmiervorrichtung verzichtet werden kann.

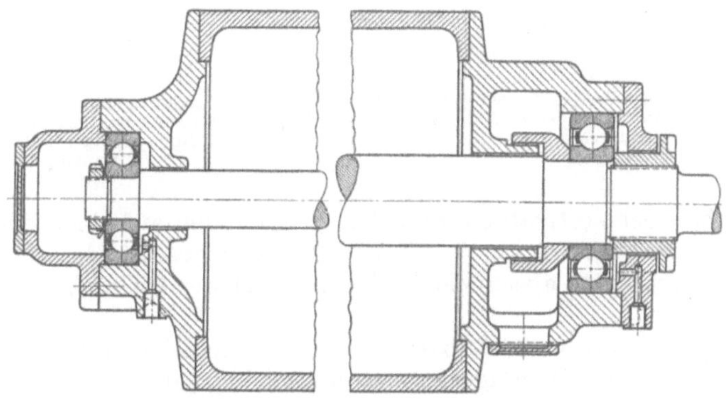
Abb. 127. Anordnung zum Nachschmieren.

Wenn man einen Ausbau der mit Fett geschmierten Lager vermeiden will, muß man eine Ausführung nach Abb. 127 vorsehen. Das neue Fett wird auf der einen Seite eingepreßt, wo nur ein geringer Fettraum vorhanden ist. Fast die ganze Menge kommt daher in das Lager. Das unbrauchbare Fett kann auf der anderen Seite heraustreten.

Für waagerecht liegende Wellen ergibt sich oft der Nachteil, daß nur eine geringe Ölmenge im Gehäuse untergebracht werden kann und der Abstand zwischen Ölspiegel und unterster Kante der Gehäusebohrung klein ist, so daß beim Lauf des Lagers oder bei Erschütterungen das Öl bis an den Spalt herankommt. Deshalb bleibt im allgemeinen nichts anderes übrig, als eine besondere Ölkammer vorzusehen und das Öl von dort, ähnlich wie bei Gleitlagern, nach oben zu fördern. Hierfür können Filzscheiben mit Abstreifern, Förderscheiben oder Förderringe benutzt werden.

Bei stehenden Wellen macht es keine Mühe, einen sicheren Ölstand zu halten und eine während des Betriebs automatisch wirkende Schmierung einzurichten. Abb. 128 zeigt den Einbau bei Vertikalmotoren. Die Lager sitzen auf einer Büchse. In die Gehäuse ist am Achsdurchgang je ein Rohrstück eingesetzt, dessen obere Kante etwa mit der Lagermitte abschneidet. Dadurch ist der Ölstand im Ruhezustand gegeben.

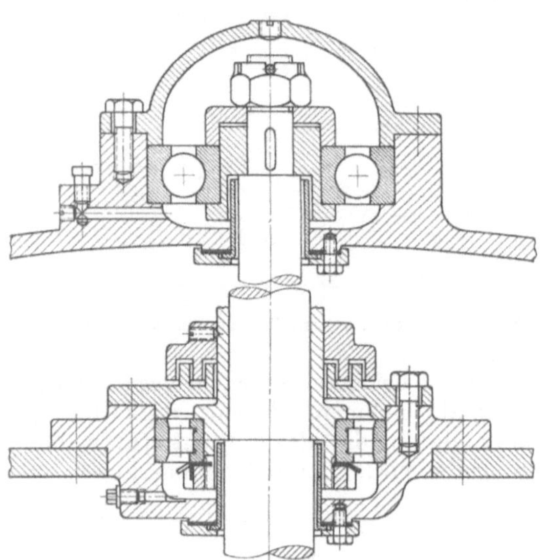

Abb. 128. Lagerung eines Vertikalmotors mit einem Radiaxlager zur Aufnahme des Radial- und Axialdruckes.

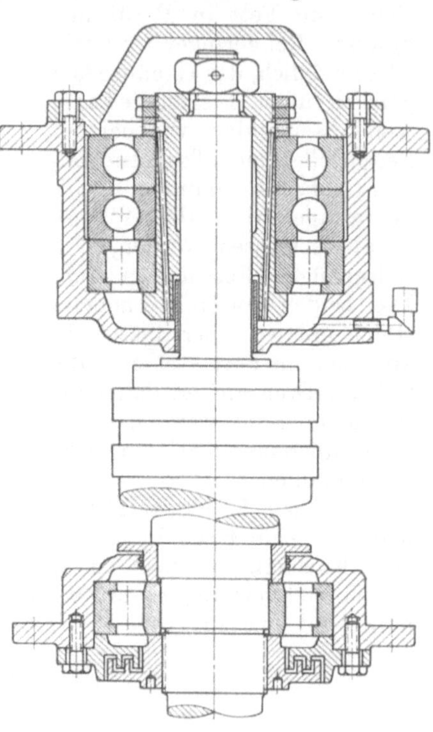

Abb. 129. Lagerung eines Veritkalmotors mit zwei Radiaxlagern zur Aufnahme des Axialdruckes und Ölförderung durch schräg zur Hauptachse liegende Kanäle.

Bei mehreren Lagern unmittelbar übereinander besteht die Möglichkeit, in der Büchse, auf welcher die Querlager sitzen, einen oder mehrere Kanäle vorzusehen, die etwas schräg liegen zur Lagerachse (Abb. 129). Die Wirkung solcher Einrichtungen kann so stark sein, daß das gesamte im unteren Behälter befindliche Öl nach kurzer Zeit in den Raum über das Lager gedrückt wird. Um eine zu starke Schaumbildung zu verhindern, ist es dann erforderlich, das Öl dort anzusammeln, und ihm nur tropfenweise Zutritt zum Lager zu gestatten. Bei der vertikalen Fräse (Abb. 130) ist unten ein kleines Schleuderrad angebracht, das das Öl nach Ingangsetzen der Maschine nach oben drückt. Von dort kann es nur allmählich durch den Docht abfließen. Bei der Abb. 131 werden zur Ölförderung Schleuderringe benutzt, an deren inneren Wänden das Öl ansteigt und in die Lager spritzt.

Bei Umlauf- oder Tropfölschmierung kann die im Lagergehäuse befindliche Ölmenge sehr gering gehalten werden, indem in geeigneter Höhe ein Überlauf angebracht wird. Die Dichtung ist dann einfach, vorausgesetzt, daß von außen kein Schmutz eintreten kann. Diese Anordnung ist nur bei Maschinen, die einer dauernden Wartung unterworfen sind, verwendbar.

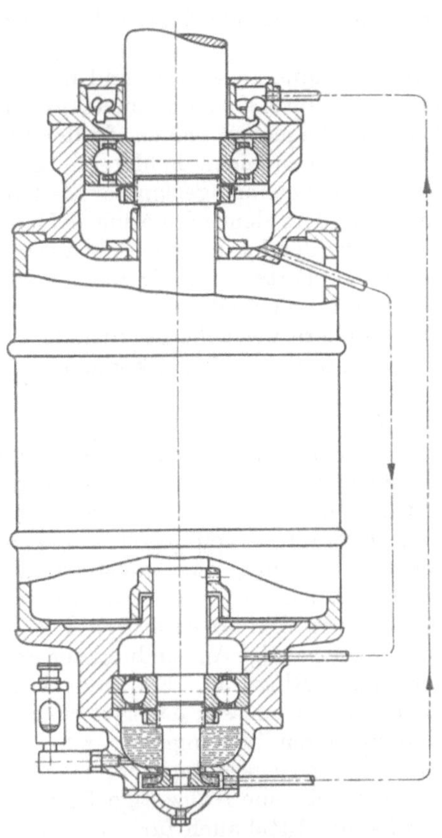

Abb. 130. Vertikale Fräse mit Ölförderung durch ein kleines Schaufelrad.

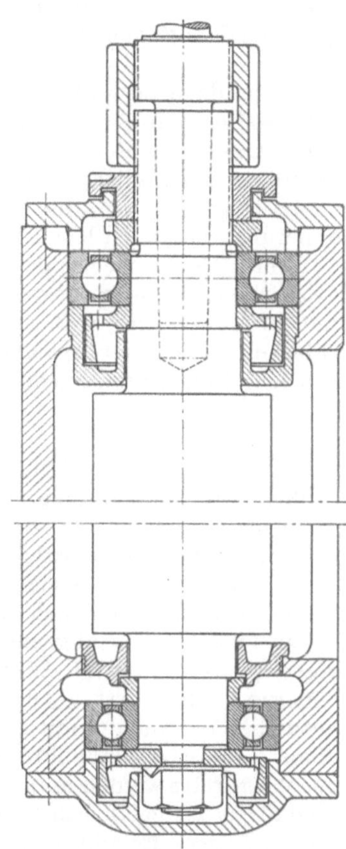

Abb. 131. Lagerung einer vertikalen Fräse mit Ölförderung durch Schleuderringe.

Es gibt Anwendungsgebiete, bei denen die Betriebstemperatur 120° und mehr beträgt, z. B. Trockenzylinder von Papiermaschinen oder Heißgasventilatoren. Da diese Temperatur auch für Heißdampfzylinderöle kritisch ist, kann zweckmäßigerweise eine Ölumlaufschmierung angewendet werden, bei welcher das Öl rückgekühlt und wenn nötig sogar filtriert werden kann. Derartige Schmiervorrichtungen sind für große, stationäre Maschinenaggregate, und wenn die Temperatur sehr hoch ist, immer zu empfehlen, da sie eine einwandfreie Schmierung bei genügend langer Laufzeit und fast ohne Wartung ermöglichen. Solche automatische Ölumlaufschmierungen sind ganz besonders bei staubigen Betrieben angebracht, bei denen auch die beste Abdichtung im Laufe der Zeit wirkungslos werden kann. Bei Ölumlaufschmierung mit Filteranlage ist keine Gefahr für allzu starke Verunreinigung vorhanden. Die Ölschmierung kann notwendig werden, wenn die Beständigkeit des Fettes durch Einwirkung von Gasen und Dämpfen beeinflußt wird. Zerstörend auf Fette wirken Ammoniakdämpfe, die Gase mineralischer Säuren (hauptsächlich Salpeter und salpetrige Säuren, Schwefel- und schweflige Säuren).

Bei allen großen Lagern sollte grundsätzlich Ölschmierung angewendet werden, weil die Erneuerung des Fettes mit erheblichen Schwierigkeiten verbunden ist. Eine einwandfreie Säuberung bei Fettschmierung bedingt meistens den Ausbau des Lagers und damit eine Betriebsunterbrechung. Selbst wenn diese Arbeiten an Sonn- und Feiertagen vorgenommen werden, sind bedeutende Kosten damit verbunden.

Öl kann dagegen während des Betriebes der Maschine abgelassen und neu eingefüllt werden. Außerdem kann man beliebig oft Ölproben entnehmen, um die Brauchbarkeit zu untersuchen und den Zustand des Lagers zu prüfen, da der Prozentsatz an Eisenteilchen einen Schluß zuläßt auf irgendeinen Fehler im Lager.

Für sehr hohe Drehzahlen ist Ölschmierung im allgemeinen geeigneter als Fettschmierung, da das Öl leicht in der richtigen, oft außerordentlich geringen Menge durch einen Docht oder einen Tropföler zugeführt werden kann. Auch die Viskosität des Öles ist besser zu regeln als die Konsistenz des Fettes. Im allgemeinen wird für hochtourige Lager, z. B. Spinnspindeln, ein dünnflüssiges Öl verwendet. Immer ist aber die geeignete Sorte und Menge durch besondere Versuche festzustellen, da schon sehr feine Unterschiede für die Bewährung entscheidend sein können.

2,5. Abdichtung.

Die Dichtung soll den Schmiermittelaustritt vermeiden und das Eindringen von schädlichen festen, flüssigen oder gasförmigen Körpern verhindern. Die einwandfreie Lösung dieser Aufgaben ist von großer Bedeutung, um einen wirtschaftlichen und sauberen Betrieb zu erzielen und die durch die Tragfähigkeit gegebene Lebensdauer unbegrenzt zu erreichen. Bei geeigneter Dichtung und zweckmäßigem Schmiermittel ist es möglich, außerordentlich lange Laufzeiten ohne Nachschmierung zu erzielen. Im allgemeinen ist es viel leichter, den Austritt von Fett zu verhindern als den von Öl. Dies ist die Ursache für die häufige Anwendung der Fettschmierung. Bei Fett genügt ein einfacher Spalt, Ringe aus Filz oder Leder eventuell in Verbindung mit einem Schleuderring; bei Öl müssen dagegen ganz besonders sorgfältige Maßnahmen getroffen werden, deren Wirkung oft erst durch Versuche geklärt werden muß. Die Verschmutzung von Lagern durch irgendwelche Fremdkörper ist gefährlich und häufig die Ursache für eine frühzeitige Beschädigung der Lager. Es gibt aber genügend zuverlässige Mittel auch für solche Fälle, wo mit einer ungewöhnlichen Staubentwicklung oder starker Bespülung mit Wasser zu rechnen ist.

Nach ihrer Wirkungsweise kann man unterscheiden zwischen schleifenden und nichtschleifenden Dichtungen. Die ersteren bestehen aus Metall, Filz, Leder, Hanf oder anderen Stoffen. Die zweite Art erreicht ihre Wirkung durch einen mehr oder weniger langen Spalt, der nur in Achsrichtung oder axial und radial angeordnet ist. In diese Gruppe gehören auch die Spritz- oder Schleuderringe.

Der Abschluß der Lagerung nach außen erfolgt entweder für jede Lagerstelle gesondert oder gemeinsam für zwei oder mehrere Lager, je nach der Ausbildung des betreffenden Maschinenteils oder den Anforderungen des Betriebes. Bei einem Elektromotor ist z. B. eine Abdichtung an jeder Seite einer Lagerstelle erforderlich, da sowohl eine Verschmutzung des Lagers von außen her als auch ein Austreten von Fett oder Öl nach dem Anker zu verhindert werden muß. Wenn es sich dagegen um ein hochwertiges Zahnradgetriebe handelt, bei dem kein nennenswerter

Verschleiß der Zahnflanken zu befürchten ist, kann auf einen Abschluß nach dem Inneren verzichtet werden. Oft wird eine freie Zugänglichkeit der Lager angestrebt, wenn das Getriebeöl gleichzeitig zur Schmierung des Lagers dient.

Der Abschluß nach außen erfolgt entweder durch angegossene Seitenwände, wie z. B. bei Stehlagern, oder durch Deckel, die in irgendeiner Weise lösbar mit dem Tragkörper des Gehäuses verbunden sind. Bei Fettschmierung ist im allgemeinen keine besondere Dichtung zwischen Gehäuse und Deckel erforderlich, da die satte Anlage am Außenring oder am Gehäuse genügt. Bei Ölschmierung ist dagegen eine Packung anzubringen, um einen dichten Abschluß zu erreichen. Wenn der Deckel mit einem Flansch fest am Gehäuse liegt, genügt eine Scheibe aus dickem Papier. Erfolgt die Anlage am Außenring, dann ist es zweckmäßig, zwischen Gehäuse und Deckel eine elastische Packung einzulegen. Bei Zahnradgetrieben und kleinen Motoren benutzt man als Abschluß der Lagerstellen gegenüber dem Getrieberaum einfache Scheiben, die das Eindringen von Fremdkörpern oder das Austreten von Fett verhindern sollen.

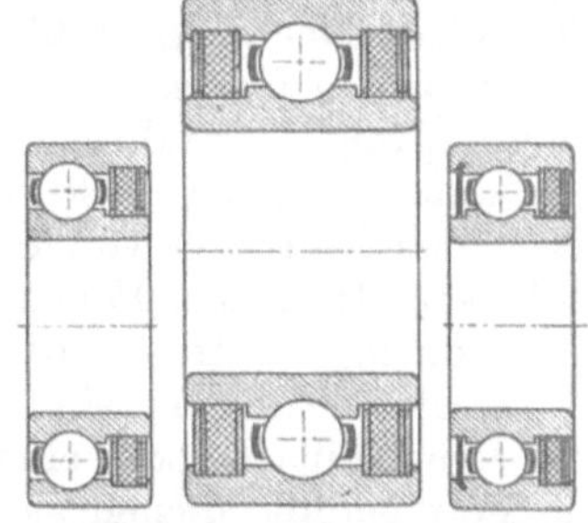

Abb. 132. Kugellager mit in dem Außenring sitzenden Dichtungsringen.

In Sonderfällen werden die Lager mit eingepreßten Dichtungsringen versehen, die den Zweck haben, das Lager vor Verunreinigungen zu schützen und das Fett im Inneren festzuhalten. Eine besondere Ausführung zeigt Abb. 132. Die Lager sind breiter als normal, damit die Dichtungsringe untergebracht werden können, und ein genügend großer Fettraum verbleibt. Derartige Lager können während ihrer ganzen Laufzeit nicht nachgeschmiert werden. Die Verwendungsfähigkeit solcher Lager ist naturgemäß nur dort gegeben, wo keine nennenswerte Staubentwicklung auftritt und die tägliche Laufzeit gering ist, da das Fett allmählich unbrauchbar wird, und die Fettmenge im Laufe der Zeit abnimmt. Eine neue Fettfüllung ist aber nur möglich, wenn ein Dichtungsring abgezogen wird. Aus diesem Grunde zieht man es im allgemeinen vor, die Dichtung unabhängig vom Lager anzuordnen.

Von allen Dichtungsmitteln werden Filzringe, wie sie Abb. 133 a zeigt, am meisten verwendet. Bei Fettschmierung stellen sie einen guten Schutz gegen Schmiermittelverlust dar. Sie genügen jedoch nur, wenn die Lager in Betrieben Verwendung finden, in denen mit einer nur unbedeutenden Staubentwicklung zu rechnen ist und Feuchtigkeit oder Gase nicht an das Gehäuse herankommen. In manchen Fällen werden auch zwei Filzringe nebeneinander benutzt (Abb. 133b), wenn die Anordnung eines Labyrinthringes unmöglich ist oder zu teuer wird. Der zweite außensitzende Filzring soll dann den Schutz gegen Fremdkörper übernehmen.

Um die dichtende Wirkung nicht zu beeinträchtigen, ist es erforderlich, die Filzringbohrung dem Teil genau anzupassen, auf dem der Ring schleifen soll und den Querschnitt der Nute mit dem des Ringes in Übereinstimmung zu bringen. Bei geteilten Gehäusen ist es besonders wichtig, daß die Maße des Ringes und der Nute aufeinander abgestimmt werden, da sonst leicht ein zu großer Druck hervorgerufen werden kann. Die von den Filzringen erzeugte Temperatursteigerung wird oft fälschlicherweise als von den Lagern ausgehend angesehen. Wenn eine Lagerung eine unzulässig hohe Temperatur zeigt, ist es immer zweckmäßig, die Filzringe zu entfernen, um die reine Lagertemperatur feststellen zu können.

Statt der Ringe können auch Filzstreifen von rechteckigem Querschnitt benutzt werden, die bedeutend billiger sind. Diese müssen ebenfalls zu den Gehäusenuten passen und auf richtige Länge schräg zugeschnitten werden.

Eine gute dichtende Wirkung haben Manschetten aus Leder oder Buna, vor allen Dingen, wenn der vorstehende Stulp durch eine Feder leicht an den sich drehenden Teil gepreßt wird (Abb. 133c), so daß immer eine innige Berührung stattfindet. Diese Anordnung ist sogar bei Ölschmierung verwendbar und auch gegen Feuchtigkeit gut geeignet. Um die Dichtungswirkung zu erhöhen, können auch mehrere Ringe nebeneinander angeordnet werden (Abb. 133d). Die unter Federdruck stehende Kante der Manschette stellt den eigentlichen Schutz dar. Sie soll nach der zu dichtenden Seite gerichtet sein und ständig gut geschmiert werden.

In gewissen Fällen verwendet man Metallringe, die an der Welle oder am Gehäuse angebracht sind und auf dem anderen Teil schleifen (Abb. 133e). Eine solche Anordnung benutzt man z. B. auch bei der Lagerung von Zweitakt-Dieselmotoren, bei denen es darauf ankommt, die Kurbelgehäuse, in denen die Luft beim Niedergang des Kolbens verdichtet wird, gegenüber der Außenluft abzuschließen (Abb. 133f). Zu beiden Seiten des Pendelrollenlagers sind Bronzeringe angebracht, die durch Stifte von der Welle mitgenommen und durch Federn gegen die Gehäusedeckel gepreßt werden. Zur Verbesserung der Abdichtung ist in Abb. 133g ein federnder Kragen mit einem Bronzering angebracht, der auf einem anderen Ring aus Stahl schleift.

Die schleifenden Dichtungen bieten aber nicht immer einen sicheren Schutz gegen das Eintreten von Staub oder Schmutz, weil sie im Laufe der Zeit verschleißen. In diesen Fällen müssen je nach den Betriebsverhältnissen besondere Maßnahmen getroffen werden.

Die einfachste Form sind sog. Fangrillen, die allein (Abb. 133h) oder in Verbindung mit einem Filzring oder einem Labyrinthring verwendet werden. Bei der Montage mit Fett gefüllt, dienen sie dazu, den Schmutz aufzuhalten. Bei starker Staubentwicklung oder Wasser genügen sie jedoch nicht. Dann sind Schleuderringe (Abb. 133i, 133k u. 133l) vorzusehen.

Noch wirksamer sind Labyrinthringe, die mit dem Gehäuse außen glatt abschneiden (Abb. 133m, 133n u. 133p). Bei überstehendem Gehäuse oder überragendem Labyrinthring ist die Möglichkeit für Ablagerung von Schmutz unmittelbar vor dem Spalt gegeben, der dann allmählich hineingeschraubt wird. Wird der Labyrinthspalt mit steifem Fett gefüllt, dann ist damit zu rechnen, daß dieser wie eine schleifende Dichtung wirkt. Da fast keine Möglichkeit für das Ablagern oder Absetzen von Schmutz oder Feuchtigkeit an dem feinen, nur 0,5—0,75 mm breiten, kreisrunden Spalt gegeben ist, können nur geringe Mengen weiter nach innen gelangen. Dort werden sie von dem Fett, mit dem das Labyrinth bei der Montage gefüllt wurde, festgehalten. Der Ring ruft außerdem eine nach außen gerichtete Saugwirkung hervor. Auch bei zweiteiligen Gehäusen (Abb. 133q) ist die Wirkung zuverlässig. Der innere Flansch wirkt als Schleuderring in Verbindung mit dem Filzring gegen das Austreten des Schmiermittels und der äußere als Schutz gegen Verschmutzung. Man kann aber auch oft auf den Filzring verzichten und die Ausführung nach Abb. 133r vornehmen. Falls mit einer starken Schiefstellung zwischen Welle und Gehäuse gerechnet werden muß, ist es erforderlich, die Labyrinthgänge kegelig auszubilden (Abb. 133s).

Bei ganz besonders starker Staubentwicklung oder einem Überfluten von Wasser kann die Wirkung des Labyrinthringes noch dadurch erhöht werden, daß von Zeit zu Zeit Fett in die Gänge gepreßt wird. Durch den dann entstehenden Überdruck wird das verschmutzte Fett herausgepreßt. Um diese Wirkung zu erreichen, muß das Einpressen während der Drehung der Welle erfolgen. Andernfalls füllt das Fett den Spalt nur in der Nähe der Mündung des Schmierkanals, während der übrige Teil heraustritt.

Dort, wo die Gehäuse dauernd von Wasser umspült werden, sollte der Labyrinthring die in Abb. 133t gezeigte Form erhalten. Die Wirkung des Labyrinthringes ist eine dreifache. Der unmittelbare Zugang zum Gehäuse wird versperrt und die Spaltöffnung nach der dem Wasserstrom abgekehrten Seite verlegt. Außerdem liegt er erhöht gegenüber der Rille, so daß das Wasser nicht auf der Welle entlang in den Spalt eindringen kann, sondern mehr Neigung hat, nach unten abzufließen. Hinzu kommt die Schleuderwirkung des Ringes selbst. Um den Schutz gegen Wassereintritt noch zu erhöhen, kann ein an der oberen Ge-

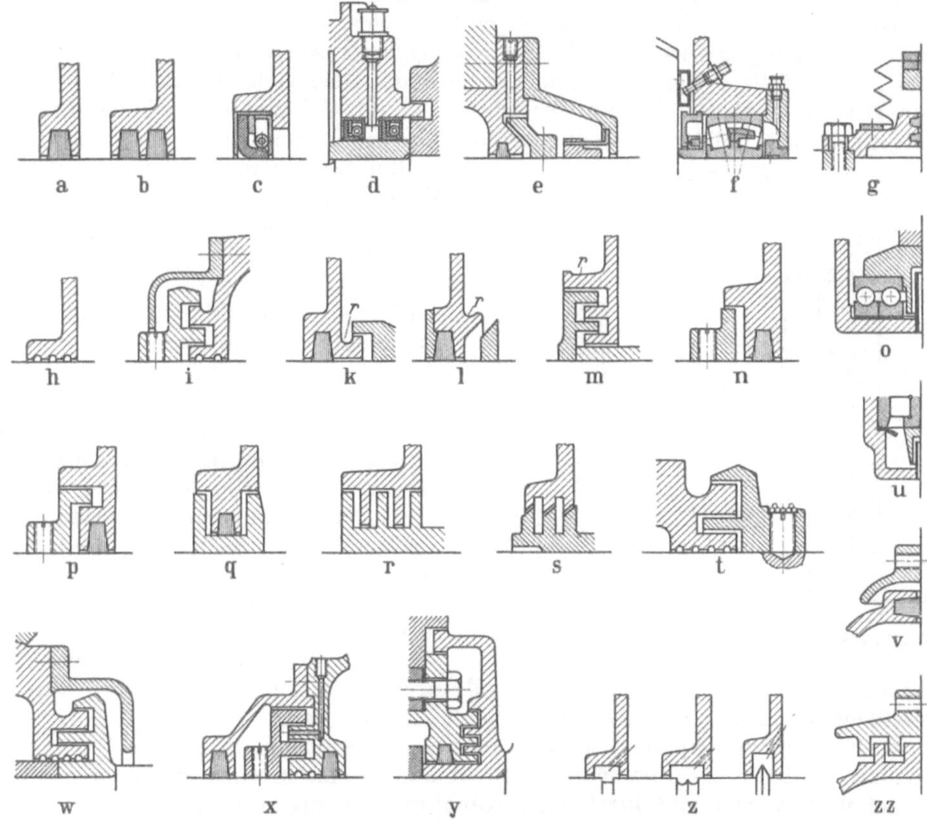

Abb. 133. Abdichtungen für Wälzlager.

häusehälfte angebrachter Kragen verwendet werden (Abb. 133w). In ähnlichem Sinne wirken auch die Deckel an dem Gehäuse (Abb. 133x). Hier ist außerdem ein Schmierkanal vorgesehen, der in den letzten Labyrinthgang mündet, um etwa eingedrungene Wassertropfen durch reichlich eingepreßtes Fett wieder herauszudrücken. Eine gute Dichtung auch gegen Eindringen von Wasser dürfte mit der Anordnung des Labyrinthringes (Abb. 133y) zu erreichen sein. Etwa an dem äußersten Spalt eingetretenes Wasser kann unten durch ein Loch wieder abfließen.

Wenn dauernd in starkem Maße Wasser über das Gehäuse strömt, und genügend sichere Mittel nicht angewendet werden können, hilft man sich durch häufiges Nachpressen von Fett. Beim Lauf des Lagers entsteht ein Überdruck. Das Fett wird, da kein anderer Weg übrigbleibt, durch das Labyrinth nach außen gepreßt und verhindert so das Vordringen von Wassertropfen. Auch gegen Schmutz kann dieses Mittel mit Erfolg verwendet werden, z. B. bei Lagern von Schnecken die zum Transport von staubförmigem oder körnigem Gut dienen. Das von außen nachgepreßte Fett wird infolge des Überdruckes in den Spalt gequetscht und verhindert so das Eindringen von Staub. Der Fettraum ist möglichst klein zu halten, damit schon bei geringer Nachschmierung Fett durch die Dichtung nach außen tritt. Am zweckmäßigsten ist unter diesen Umständen ein Schmierapparat, der ständig in geringen Mengen Fett zuführt. Eine ähnliche Wirkung ist auch zu erzielen, wenn das Lagergehäuse unter dauerndem Luftüberdruck gehalten wird, was bei schädlichen Dämpfen notwendig sein kann.

Besonders schwierig sind Dichtungen für Lager, die in einer Flüssigkeit stehen. Am zweckmäßigsten ist dann die Anordnung einer Art Taucherglocke (Abb. 134). Man kann auf diese Weise selbst bei tief unter der Oberfläche liegenden Lagerstellen das Wasser fernhalten, wenn der Luftdruck im Gehäuse dem Wasserdruck so entgegenwirkt, daß der Wasserspiegel nicht bis zur Lagerstelle ansteigen kann.

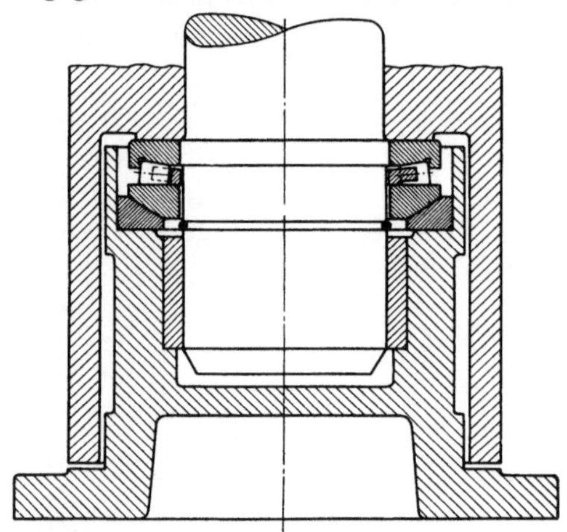

Abb. 134. Dichtung als Taucherglocke ausgebildet.

Bei Ölschmierung können die gleichen Mittel gegen Eindringen von Fremdkörpern angewendet werden wie bei Fettschmierung. Die Verhinderung des Schmiermittelaustrittes ist dagegen viel schwieriger. Ein Filzring genügt nicht. Er ist öldurchlässig und wirkt wie eine Pumpe infolge der unvermeidlichen Unrundheit der Teile, auf denen er gleitet, und der damit zusammenhängenden Druckschwankungen. Grundsätzlich müssen folgende Regeln beachtet werden:

1. Der von innen nach außen führende Spalt soll oberhalb des Ölspiegels liegen und in möglichst großer Entfernung von dem Lager, um nicht dauernd überspült zu werden.

2. Das an den sich drehenden Teilen entlang laufende oder kriechende Öl soll durch Spritzringe mit scharfer Kante abgeschleudert werden, bevor es an den Spalt kommen kann.

3. Etwa in den Spalt eingedrungenes Öl sollte nochmals an eine Spritzkante geführt werden. Das abgeschleuderte Öl kann dann in einer besonderen Mulde aufgefangen werden und durch einen Kanal ins Gehäuse zurückfließen.

Diese Regeln gelten jedoch nur, wenn mit einer Ölfüllung eine möglichst lange Betriebszeit erreicht werden soll. Bei Tropfölschmierung oder Druckölschmierung kann das Öl sofort wieder abfließen. Der Ölverlust ist dann gering und spielt keine große Rolle, da ein Trockenlauf nicht eintreten kann.

Eine zuverlässige Form der Ölabdichtung ist in Abb. 133z dargestellt. Die scharfen Kanten sorgen dafür, daß das auf ihnen entlang fließende Öl abgespritzt wird. Das abgeschleuderte Öl kann durch Öffnungen in das Gehäuse zurückfließen.

Bei Lagern für senkrecht angeordnete Wellen verwendet man im allgemeinen Öl, vor allen Dingen, wenn mehrere Lager übereinander angeordnet sind. Die Dichtung erfolgt dann in einfacher Weise durch ein Becken oder Standrohr, dessen obere Kante den höchsten Ölspiegel im Stillstand bestimmt (Abb. 133o u. 133u).

Gegen das Eintreten von Staub können bei senkrechten Wellen Schleuderscheiben (Abb. 133v u. 133zz) verwendet werden.

2,6. Zusammenfassung.

Die Wirtschaftlichkeit und Betriebssicherheit zwingt dazu, die äußeren Kräfte nach Größe, Richtung und Dauer so gut wie möglich zu erforschen und ihre Wirkung auf die Lager sorgfältig zu berechnen. Je kleiner ein Lager gewählt werden kann, um so leichter werden die Zubehörteile und um so billiger die Maschine. Je unsicherer die Kenntnis über die vorkommende Belastung ist, um so größer ist die Gefahr einer unvorhergesehenen Betriebsstörung mit ihren unübersehbaren Kosten.

Auch die Kenntnis über die Eigenschaften der Lager in bezug auf Tragfähigkeit, Führungsmöglichkeit und Einbau ist von großer Bedeutung, um für die jeweiligen Betriebsverhältnisse ein Maximum an Sicherheit zu erzielen. Wenn z. B. der Lauf einer Welle möglichst starr sein soll, also nur ein ganz geringes Spiel in radialer und axialer Richtung vorkommen darf, kann diese Forderung nur erfüllt werden, wenn Lager verwendet werden, die eine genaue Einstellung des Spieles zulassen. Auch bei geräuschschwachem Lauf, wie er heute an vielen Stellen verlangt wird, muß auf die jeweiligen Verhältnisse Rücksicht genommen werden. Bei der Lagerung des Antriebsritzels von Personenwagen kommt es darauf an, das Ritzel und Tellerrad möglichst starr zu lagern, um den Eingriff der Zahnräder auch unter Belastung so wenig wie möglich zu verändern. Bei kleinen Elektromotoren, die bei hoher Drehzahl wenig Geräusch machen sollen, ist die Lagerung selbst neben dem elektrischen Teil die Geräuschquelle. Die Ausführung der Lager und Zubehörteile muß also diesen besonderen Anforderungen genügen.

Die Betriebssicherheit hängt auch in hohem Maße von der richtigen Passung ab. Ein bei „Umfangslast" lose sitzender Laufring, ruft duch das „Wandern" bei hoher Last und schlechter Schmierung starken Verschleiß hervor. In vielen Fällen treten auch Gleitrisse auf, die zu einem plötzlichen Bruch führen können. Anderseits kann eine Verklemmung hervorgerufen werden, die den Lauf des Lagers ungünstig beeinflußt und zu hohe Temperatur oder Geräusch verursacht.

Es genügt nicht, die Lager richtig auszuwählen; ebenso wichtig ist es, dafür zu sorgen, daß der für den Betrieb zweckmäßige Zustand erhalten wird. Dies ist aber nur möglich, wenn die Lager vor Verschleiß oder Korrosion durch irgendwelche Fremdkörper geschützt werden. Bei der Ausbildung der Dichtung muß daher der Zustand der Umgebung der Lagerung genau bekannt sein. Die notwendigen Mittel für eine zuverlässige Dichtung sind sehr verschieden, je nachdem ob es sich um eine Lagerung handelt, die, wie in der Naßpartie von Papiermaschinen, von Wasser umströmt wird, oder um die Lagerung des Kalanders, der in einem fast vollkommen staubfreien und trockenen Raum arbeitet. Bei Motoren in der Kraftzentrale eines Werkes ist für peinlichste Sauberkeit gesorgt, während Motoren für Antriebs- oder Arbeitsmaschinen in einer Zementfabrik ständig in einer Staubwolke stehen. Bei einer Reihe von Maschinen, z. B. bei Papiermaschinen, Druckmaschinen und Textilmaschinen, kommt es darauf an, das Schmiermittel von dem zu bearbeitenden Werkstoff fernzuhalten.

Wenn zwischen Innenring und Außenring ein starkes Wärmegefälle vorhanden ist, muß bei der Ausführung der Lager darauf Rücksicht genommen werden. Außerdem ist die Einwirkung auf das Schmiermittel zu berücksichtigen. Schließlich kann sogar die Form des Gehäuses davon abhängen oder die Bauart der Maschine, wenn wegen des Schmiermittels oder der Härte der Laufringe und Rollkörper die Temperatur durch irgendwelche Hilfsmittel herabgesetzt werden muß. Es ist daher wichtig, sowohl die absolute Höhe der Temperatur als auch die mögliche Temperaturdifferenz zwischen Innenring und Außenring rechtzeitig festzustellen. Bei Elektromotoren zum Antrieb von Fahrzeugen wird das Motorgehäuse durch die Luftströmung gut gekühlt, während der Anker große Wärme erzeugt, die sich dem

Innenring mitteilt. Der Durchmesser der Laufbahn des Innenringes wird infolgedessen mehr vergrößert als die Laufbahn des Außenringes. Auch bei Trockenzylindern, Heißgasventilatoren treten hohe Temperaturunterschiede auf. Wenn die Verkleinerung der Lagerluft nicht von vornherein berücksichtigt wird, ist eine frühzeitige Zerstörung des Lagers zu erwarten.

Oft ist ein Ausbau der Lager erst erforderlich, wenn irgendeine Beschädigung eintreten sollte. Es besteht daher kein großes Bedürfnis, auf diesen Umstand besonders Rücksicht zu nehmen. Bei einigen Maschinenarten kommt jedoch der Ausbau sehr häufig vor, so daß besondere Konstruktionen entworfen werden müssen, um diesen Verhältnissen gerecht zu werden. Bei Bahnmotoren und Achsbuchsen für Straßenbahnen und Staatsbahnen wird im allgemeinen eine jährliche Revision verlangt. Noch häufiger ist der Ausbau der Lagerung bei Walzwerken. Dort muß in vielen Fällen schon nach Wochen oder Tagen ein Auswechseln der Walzen erfolgen, entweder weil dieselben nachgeschliffen werden müssen oder weil andere Profile gewalzt werden. Ein schneller und einfacher Walzenwechsel ist auch Bedingung bei Getreidewalzenstühlen, da die Riffelung nach kurzer Zeit erneuert werden muß. Die Bauform muß daher auch diesen Anforderungen so gut wie möglich gerecht werden.

Immer ist es Aufgabe des Konstrukteurs, die Gestaltung der Lagerstellen den speziellen Verhältnissen so gut wie möglich anzupassen. Grundsätzlich muß dabei auf alle Faktoren Rücksicht genommen werden, die die Tragfähigkeit und Lebensdauer oder die Herstellung und Wartung der Lagerung beeinflussen. Was nützt es, ein genügend tragfähiges Lager ausgewählt zu haben, wenn die Dichtung den Anforderungen nicht entspricht! Was bedeutet es, die richtige Lagerart gefunden zu haben, wenn bei dem Ein- und Ausbau die Gefahr besteht, die Lager zu verklemmen oder zu beschädigen! Die zweckmäßige Passung ist ebenso wichtig wie die genügende Tragfähigkeit. Wenn es darauf ankommt, hat die Schmierung die gleiche Bedeutung wie die richtige Dichtung. Die Vorrichtungen für eine einwandfreie Wartung und einen zweckmäßigen Ein- und Ausbau sollen ebenso sorgfältig entwickelt werden wie die Vorschriften für die Bearbeitung.

Die Lagerung soll aber auch so geformt sein und so bemessen werden, daß die gestellten Anforderungen mit den billigsten Mitteln erfüllt werden. Ein überdimensioniertes Lager ist genau so fehlerhaft wie ein solches, das den Bedingungen nicht oder nur teilweise gerecht wird. *Die Vollkommenheit besteht nicht einseitig in der rein technischen Lösung, sondern in dem Wert der Anlage, d. h. in dem Verhältnis Qualität zu Preis.*

3. Normtabelle.

Alle in der folgenden Normtabelle aufgeführten Maße, mit Ausnahme derjenigen für Schulterkugellager und Nadellager die nur einer DI-Norm entsprechen, stimmen überein mit ISA-Vorschlägen. Aus dem Kopf der Tabelle ist zu ersehen, zu welchen Lagerarten die einzelnen Maßreihen gehören.

Da die Unterscheidung in ganz leichte, leichte, mittelschwere und schwere Reihen durch das Hinzukommen neuer Reihen nicht mehr verwendbar ist, wird die Unterscheidung nach Gruppen empfohlen. Die Reihe 60 gehört zur Gruppe 0, die Gruppe 1 ist neu hinzugekommen, die Gruppe 2 entspricht den leichten Reihen, Gruppe 3 den mittelschweren Reihen und Gruppe 4 den schweren Reihen.

Die Bezeichnung gewisser Reihen bestand früher aus einer 4- oder 5stelligen Zahl mit den Ziffern „00“ am Ende, z. B. 6000, 23000, 1200, 1500 usw. Um Verwechslungen mit dem Lager, dessen Kennziffer ebenfalls aus „00“ besteht, zu vermeiden, und einen mehr systematischen Aufbau zu bekommen, gelten in Zukunft als Reihenbezeichnung nur diejenigen Ziffern oder Buchstaben, die in dem Kopf der Tabelle angegeben sind, z. B. 60, 230, 12, 22 usw.

Die Bezeichnung der Nadellager, kleinen Radiaxlager kleinen Pendelkugellager und Schulterkugellager ist in der Spalte vor den Hauptmaßen angegeben.

Die Bezeichnung der Zylinderrollenlager wird zusammengesetzt aus der Reihenbezeichnung, die im Kopf der Tabelle angegeben ist und dem Bohrungsmaß. Ein Zylinderrollenlager der Gruppe 2 (leichte Reihe) mit 50 mm Bohrung trägt also die Bezeichnung „NL 50" oder „NUL 50", je nachdem ob es sich um Innenbord- oder Außenbordlager handelt.

Bei allen anderen Lagerarten, die im Kopf der Tabelle angegeben sind, setzt sich die Bezeichnung eines Lagers aus der Reihenbezeichnung und der Kennziffer der Bohrung zusammen. Die Bezeichnung eines Radiaxlagers der Gruppe 2 (leichte Reihe) mit 50 mm-Bohrung ist also „6210". Die Bezeichnung eines Tonnenlagers der Gruppe 2 (leichte Reihe) mit 50 mm-Bohrung ist „To 1210".

Für einige Lagerarten ist die alte und die neue Bezeichnung angegeben. Die veraltete Bezeichnung steht in Klammern unter der neuen Bezeichnung.

Die Radiaxlager der neuen Reihe 60 von 10 . . . 110 mm Bohrung erhalten die Zusatzbezeichnung „X", um sie von Kugellagern einer veralteten Reihe, die die gleiche Reihenbezeichnung trug, unterscheiden zu können. Diese Zusatzbezeichnung soll nach einigen Jahren wegfallen, wenn die Lager der veralteten Reihe nicht mehr vorkommen.

Die zweireihigen Schrägkugellager der Reihen 32 und 33 erhalten ebenfalls die Zusatzbezeichnung „X", um sie von Lagern anderer Bauart, die diese Bezeichnung tragen, unterscheiden zu können. Auch diese Zusatzbezeichnung soll nach einigen Jahren wegfallen.

Der Kantenabstand der kleinen Seitenfläche der Laufringe von Kegelrollenlagern und Schulterkugellagern ist kleiner als die in der folgenden Tabelle aufgeführten Werte. Auch bei den kleinen Zylinderrollenlagern ist der Kantenabstand an der bordfreien Seite kleiner.

r, r_1, r_2 = Kantenabstand, nicht Profilhalbmesser der Rundungsfläche.

Lagerart	Gruppe 0 (g. leichte Reihen)							Gruppe 1				Gruppe 2 (leichte Reihen)										
Pendelkugellager																	12	22				
Rillenkugellager ohne Einfüllöffnung			160		60									62								
Rillenkugellager mit Einfüllöffnung														2 (A)				42 (AA)				
Schräglager														72							32x	
Zylinderrollenlager					WUE									NL NUL				WUL				
Tonnenlager														To 12								
Pendelrollenlager						230				231								222			232	
Kegelrollenlager														302	302	302		322	322	322		
Kennziffer	d	D	B	r	B	B	r	d	D	B	r	d	D	B	B_a	B_g	B	B	B_a	B_g	B	r
00	10	26	8	0,5	8	—	0,5	10	—	—	—	10	30	9	$B_i = B$		9	14	$B_i = B$		14	1
01	12	28	8	0,5	8	—	0,5	12	—	—	—	12	32	10			10	14			15,9	1
02	15	32	8	0,5	9	—	0,5	15	—	—	—	15	35	11	—	—	11	14	—	—	15,9	1
03	17	35	8	0,5	10	—	0,5	17	—	—	—	17	40	12	11	13,5	12	16	—	—	17,5	1,5
04	20	42	8	0,5	12	—	1	20	—	—	—	20	47	14	12	15,5	14	18	—	—	20,6	1,5
05	25	47	8	0,5	12	—	1	25	—	—	—	25	52	15	13	16,5	15	18	—	—	20,6	1,5
06	30	55	9	0,5	13	—	1,5	30	—	—	—	30	62	16	14	17,5	16	20	17	21,5	23,8	1,5
07	35	62	9	0,5	14	—	1,5	35	—	—	—	35	72	17	15	18,5	17	23	19	24,5	27,0	2
08	40	68	9	0,5	15	—	1,5	40	—	—	—	40	80	18	16	20	18	23	19	25	30,2	2
09	45	75	10	0,5	16	—	1,5	45	—	—	—	45	85	19	16	21	19	23	19	25	30,2	2
10	50	80	10	0,5	16	—	1,5	50	—	—	—	50	90	20	17	22	20	23	19	25	30,2	2
11	55	90	11	0,5	18	—	2	55	—	—	—	55	100	21	18	23	21	25	21	27	33,3	2,5
12	60	95	11	0,5	18	—	2	60	—	—	—	60	110	22	19	24	22	28	24	30	36,5	2,5
13	65	100	11	0,5	18	—	2	65	—	—	—	65	120	23	20	25	23	31	27	33	38,1	2,5
14	70	110	13	0,5	20	—	2	70	—	—	—	70	125	24	21	26,5	24	31	27	33,5	39,7	2,5
15	75	115	13	0,5	20	—	2	75	—	—	—	75	130	25	22	27,5	25	31	27	33,5	41,3	2,5
16	80	125	14	1	22	—	2	80	—	—	—	80	140	26	22	28,5	26	33	28	35,5	44,4	3
17	85	130	14	1	22	—	2	85	—	—	—	85	150	28	24	31	28	36	30	39	49,2	3
18	90	140	16	1	24	—	2,5	90	—	—	—	90	160	30	26	33	30	40	34	43	52,4	3
19	95	145	16	1	24	—	2,5	95	—	—	—	95	170	32	27	35	32	43	37	46	55,6	3,5
20	100	150	16	1	24	—	2,5	100	—	—	—	100	180	34	29	37,5	34	46	39	49,5	60,3	3,5
21	105	160	18	1	26	—	3	105	—	—	—	105	190	36	30	39,5	36	50	43	53,5	65,1	3,5
22	110	170	19	1	28	—	3	110	180	56	3	110	200	38	32	41,5	38	53	46	56,5	69,8	3,5
24	120	180	19	1	28	46	3	120	200	62	3	120	215	40	34	44	42	58	50	62	← Pendelrollenlager ↑ / zweir. Schräglager →	3,5
26	130	200	22	1	33	52	3	130	210	64	3	130	230	40	34	44,5	46	64	—	—		4
28	140	210	22	1	33	53	3	140	225	68	3,5	140	250	42	36	46,5	50	68	—	—		4
30	150	225	24	1	35	56	3,5	150	250	80	3,5	150	270	45	38	50	54	73	—	—		4
32	160	240	25	1,5	38	60	3,5	160	270	86	3,5	160	290	48	—	—	58	80	—	—		4
34	170	260	28	1,5	42	67	3,5	170	280	88	3,5	170	310	52	—	—	62	86	—	—		5
36	180	280	31	1,5	46	74	3,5	180	300	96	4	180	320	52	—	—	62	86	—	—		5
38	190	290	31	1,5	46	75	3,5	190	320	104	4	190	340	55	—	—	65	92	—	—		5
40	200	310	34	1,5	51	82	3,5	200	340	112	4	200	360	58	—	—	70	98	—	—		5
44	220	340	37	1,5	56	90	4	220	370	120	5	220	400	65	—	—	78	108	—	—	144	5
48	240	360	37	1,5	56	92	4	240	400	128	5	240	440	72	—	—	85	120	—	—	160	5
52	260	400	44	1,5	65	104	5	260	440	144	5	260	480	80	—	—	90	130	—	—	174	6
56	280	420	44	1,5	65	106	5	280	460	146	6	280	500	80	—	—	90	130	—	—	176	6
60	300	460	50	1,5	74	118	5	300	500	160	6	300	540	85	—	—	98	140	—	—	192	6
64	320	480	50	1.5	74	121	5	320	540	176	6	320	580	92	—	—	105	150	—	—	208	6
68	340	520	57	2	82	133	6	340	580	190	6	340	620	—	—	—	—	—	—	—	224	8
72	360	540	57	2	82	135	6	360	600	192	6	360	650	—	—	—	—	—	—	—	232	8
76	380	560	57	2	82	137	6	380	620	194	6	380	680	—	—	—	—	—	—	—	240	8
80	400	600	—	—	90	148	6	400	650	200	8	400	720	—	—	—	—	—	—	—	256	8
84	420	620	—	—	90	150	6	420	700	224	8	420	760	—	—	—	—	—	—	—	272	10
88	440	650	—	—	94	157	8	440	720	226	8	440	790	—	—	—	—	—	—	—	280	10
92	460	680	—	—	100	163	8	460	760	240	10	460	830	—	—	—	—	—	—	—	296	10
96	480	700	—	—	100	165	8	480	790	248	10	480	870	—	—	—	—	—	—	—	310	10

Kennziffer	Gruppe 3 (mittelschwere Reihen)												Gruppe 4 (schwere Reihen)				
							13	23							104 (4)		
			63												64		
			3 (B)					43 (BB)							4 (C)		
			73								33x						
			NM NUM					WUM							NS NUS	WUS	
			To 13												To 4		
							213	223									
			303 313	303	303 313	313		323	323	323							
Kennziffer	**d**	**D**	**B**	B_a	B_g	B_a	**B**	**B**	B_a	B_g	**B**	**r**	**d**	**D**	**B**	**B**	**r**
00	**10**	**35**	11	$B_i = B$		—	11	17	$B_i = B$		19,0	1	**10**	—	—	—	—
01	**12**	**37**	12			—	12	17			19,0	1,5	**12**	—	—	—	—
02	**15**	**42**	13	11	14,5	—	13	17	—	—	19,0	1,5	**15**	—	—	—	—
03	**17**	**47**	14	12	15,5	—	14	19	—	—	22,2	1,5	**17**	**62**	17	29	2
04	**20**	**52**	15	13	16,5	—	15	21	—	—	22,2	2	**20**	**72**	19	33	2
05	**25**	**62**	17	15	18,5	13	17	24	20	25,5	25,4	2	**25**	**80**	21	36	2,5
06	**30**	**72**	19	16	21	14	19	27	23	29	30,2	2	**30**	**90**	23	40	2,5
07	**35**	**80**	21	18	23	15	21	31	25	33	34,9	2,5	**35**	**100**	25	43	2,5
08	**40**	**90**	23	20	25,5	17	23	33	27	35,5	36,5	2,5	**40**	**110**	27	46	3
09	**45**	**100**	25	22	27,5	18	25	36	30	38,5	39,7	2,5	**45**	**120**	29	50	3
10	**50**	**110**	27	23	29,5	19	27	40	33	42,5	44,4	3	**50**	**130**	31	53	3,5
11	**55**	**120**	29	25	32	21	29	43	35	46	49,2	3	**55**	**140**	33	57	3,5
12	**60**	**130**	31	26	34	22	31	46	37	49	54,0	3,5	**60**	**150**	35	60	3,5
13	**65**	**140**	33	28	36,5	23	33	48	39	51,5	58,7	3,5	**65**	**160**	37	64	3,5
14	**70**	**150**	35	30	38,5	25	35	51	42	54,5	63,5	3,5	**70**	**180**	42	74	4
15	**75**	**160**	37	31	40,5	—	37	55	45	58,5	68,3	3,5	**75**	**190**	45	77	4
16	**80**	**170**	39	33	43	—	39	58	48	62	68.3	3,5	**80**	**200**	48	80	4
17	**85**	**180**	41	34	45	—	41	60	49	64	73,0	4	**85**	**210**	52	86	5
18	**90**	**190**	43	36	47	—	43	64	53	68	73,0	4	**90**	**225**	54	90	5
19	**95**	**200**	45	38	50	—	45	67	55	72	77,8	4	**95**	**240**	55	95	5
20	**100**	**215**	47	39	52	—	47	73	60	78	82,6	4	**100**	**250**	58	98	5
21	**105**	**225**	49	41	54	—	49	77	63	82	87,3	4	**105**	**260**	60	100	5
22	**110**	**240**	50	42	55	—	50	80	65	85	92,1	4	**110**	**280**	65	108	5
24	**120**	**260**	55	46	60	—	55	86	69	91	—	4	**120**	**310**	72	118	6
26	**130**	**280**	58	—	—	—	58	93	—	—	—	5	**130**	**340**	78	128	6
28	**140**	**300**	62	—	—	—	62	102	—	—	—	5	**140**	**360**	82	132	6
30	**150**	**320**	65	—	—	—	67	108	—	—	—	5	**150**	**380**	85	138	6
32	**160**	**340**	68	—	—	—	71	114	—	—	—	5	**160**	**400**	88	142	6
34	**170**	**360**	72	—	—	—	75	120	—	—	—	5	**170**	**420**	92	145	6
36	**180**	**380**	75	—	—	—	79	126	—	—	—	5	**180**	**440**	95	150	8
38	**190**	**400**	78	—	—	—	83	132	—	—	—	6	**190**	**460**	98	155	8
40	**200**	**420**	80	—	—	—	87	138	—	—	—	6	**200**	**480**	102	160	8
44	**220**	**460**	88	—	—	—	99	145	—	—	—	6	**220**	**540**	115	180	8
48	**240**	**500**	95	—	—	—	111	155	—	—	—	6	**240**	**580**	122	190	8
52	**260**	**540**	102	—	—	—	120	165	—	—	—	8	**260**	—	—	—	
56	**280**	**580**	108	—	—	—	128	175	—	—	—	8	**280**	—	—	—	

Toleranz für Bg:

30203 bis 30216 Bg-0,5
30217 ,, 30224 Bg-1,0
30226 ,, 30228 Bg-1,5
30230 Bg-2,0
32206 ,, 32216 Bg-0,5
32217 ,, 32224 Bg-1,0

Toleranz für Bg:

30302 bis 30310 Bg-0,5
30311 ,, 30324 Bg-1,0
32305 ,, 32310 Bg-0,5
32311 ,, 32324 Bg-1,0
31305 ,, 31310 Bg-0,5
31311 ,, 31314 Bg-1,0

Bezeichnung	Radiaxlager			
	d	**D**	**B**	**r**
EL 4	4	13	5	0,5
R 4	4	16	5	0,5
EL 5	5	16	5	0,5
R 5	5	19	6	0,5
EL 6	6	19	6	0,5
R 7	7	22	7	0,5
EL 8	8	22	7	0,5
EL 9	9	24	7	0,5
R 9	9	26	8	1

Bezeichnung	Pendel-Kugellager			
	d	**D**	**B**	**r**
13300	5	19	6	0,5
13301	6	19	6	0,5
13302	7	22	7	0,5
13303	8	22	7	0,5
13304	9	26	8	1

Bezeichnung	Schulter-Kugellager			
	d	**D**	**B**	**r**
E 4	4	16	5	0,3
E 5	5	16	5	0,3
E 6	6	21	7	0,5
E 7	7	22	7	0,5
E 8	8	24	7	0,5
E 9	9	28	8	0,5
E 10	10	28	8	0,5
E 12	12	32	7	0,5
E 13	13	30	7	0,5
E 15	15	35	8	0,5
E 16	16	38	10	0,7
E 17	17	44	11	1
E 20	20	47	12	1,5

Bezeichnung	Nadellager			
	d	**D**	**B**	**r**
Na 17	17	37	20	1
Na 20	20	42	20	1
Na 25	25	47	22	1
Na 30	30	52	22	1
Na 35	35	58	22	1
Na 40	40	65	22	1,5
Na 45	45	72	22	1,5
Na 50	50	80	28	2
Na 55	55	85	28	2
Na 60	60	90	28	2
Na 65	65	95	28	2
Na 70	70	100	28	2
Na 75	75	110	32	2
Na 80	80	115	32	2
Na 85	85	120	32	2
Na 90	90	125	32	2
Na 95	95	130	32	2
Na 100	100	135	32	2
Na 110	110	150	40	3
Na 120	120	160	40	3
Na 130	130	180	52	3
Na 140	140	190	52	3
Na 150	150	200	52	3

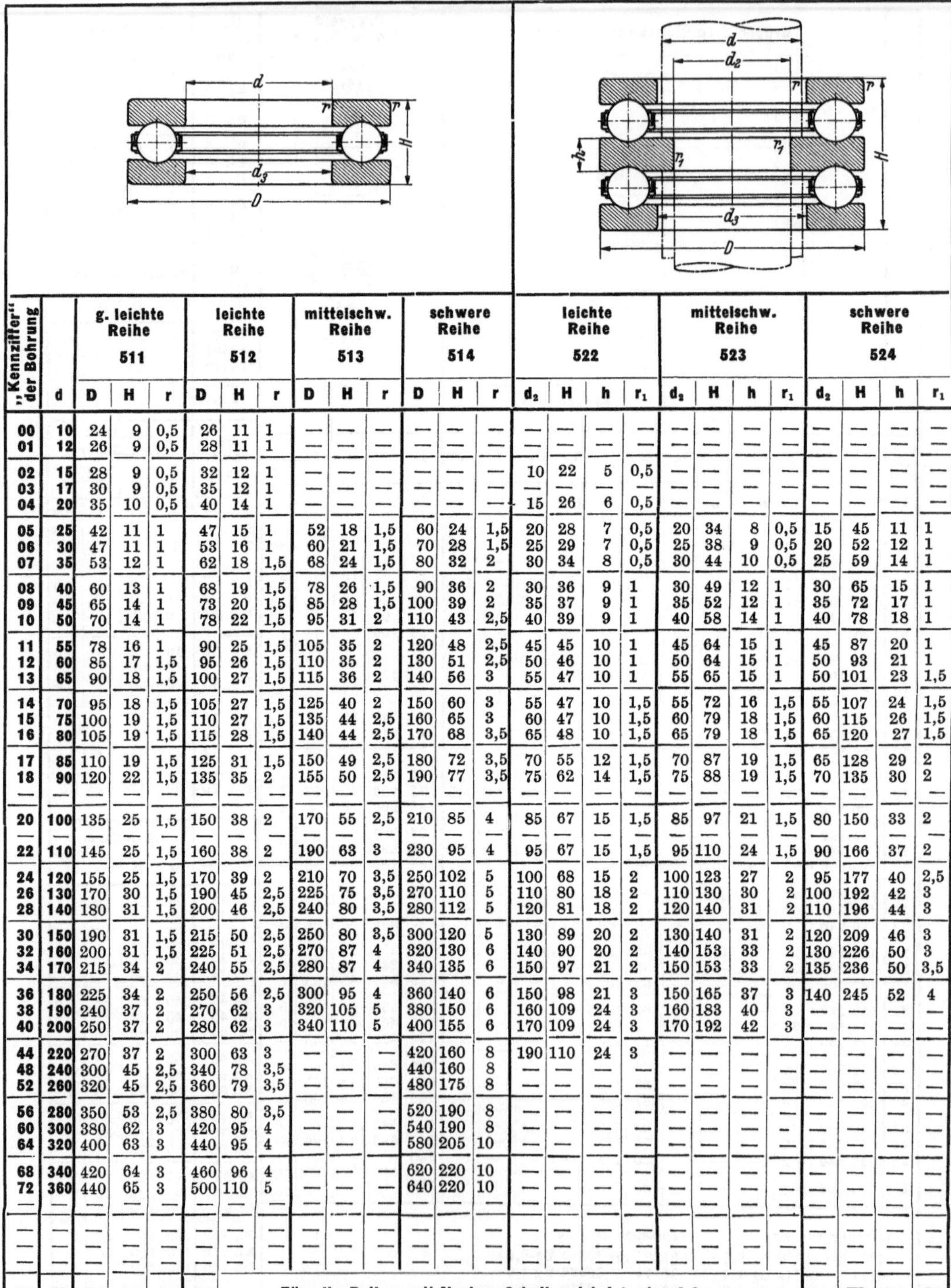

„Kennziffer" der Bohrung	d	g. leichte Reihe 511 D	H	r	leichte Reihe 512 D	H	r	mittelschw. Reihe 513 D	H	r	schwere Reihe 514 D	H	r	leichte Reihe 522 d_2	H	h	r_1	mittelschw. Reihe 523 d_2	H	h	r_1	schwere Reihe 524 d_2	H	h	r_1
00	10	24	9	0,5	26	11	1	—	—	—	—	—	—	—	—	—	—	—	—	—	—	—	—	—	—
01	12	26	9	0,5	28	11	1	—	—	—	—	—	—	—	—	—	—	—	—	—	—	—	—	—	—
02	15	28	9	0,5	32	12	1	—	—	—	—	—	—	10	22	5	0,5	—	—	—	—	—	—	—	—
03	17	30	9	0,5	35	12	1	—	—	—	—	—	—	—	—	—	—	—	—	—	—	—	—	—	—
04	20	35	10	0,5	40	14	1	—	—	—	—	—	—	15	26	6	0,5	—	—	—	—	—	—	—	—
05	25	42	11	1	47	15	1	52	18	1,5	60	24	1,5	20	28	7	0,5	20	34	8	0,5	15	45	11	1
06	30	47	11	1	53	16	1	60	21	1,5	70	28	1,5	25	29	7	0,5	25	38	9	0,5	20	52	12	1
07	35	53	12	1	62	18	1,5	68	24	1,5	80	32	2	30	34	8	0,5	30	44	10	0,5	25	59	14	1
08	40	60	13	1	68	19	1,5	78	26	1,5	90	36	2	30	36	9	1	30	49	12	1	30	65	15	1
09	45	65	14	1	73	20	1,5	85	28	1,5	100	39	2	35	37	9	1	35	52	12	1	35	72	17	1
10	50	70	14	1	78	22	1,5	95	31	2	110	43	2,5	40	39	9	1	40	58	14	1	40	78	18	1
11	55	78	16	1	90	25	1,5	105	35	2	120	48	2,5	45	45	10	1	45	64	15	1	45	87	20	1
12	60	85	17	1,5	95	26	1,5	110	35	2	130	51	2,5	50	46	10	1	50	64	15	1	50	93	21	1
13	65	90	18	1,5	100	27	1,5	115	36	2	140	56	3	55	47	10	1	55	65	15	1	50	101	23	1,5
14	70	95	18	1,5	105	27	1,5	125	40	2	150	60	3	55	47	10	1,5	55	72	16	1,5	55	107	24	1,5
15	75	100	19	1,5	110	27	1,5	135	44	2,5	160	65	3	60	47	10	1,5	60	79	18	1,5	60	115	26	1,5
16	80	105	19	1,5	115	28	1,5	140	44	2,5	170	68	3,5	65	48	10	1,5	65	79	18	1,5	65	120	27	1,5
17	85	110	19	1,5	125	31	1,5	150	49	2,5	180	72	3,5	70	55	12	1,5	70	87	19	1,5	65	128	29	2
18	90	120	22	1,5	135	35	2	155	50	2,5	190	77	3,5	75	62	14	1,5	75	88	19	1,5	70	135	30	2
—	—	—	—	—	—	—	—	—	—	—	—	—	—	—	—	—	—	—	—	—	—	—	—	—	—
20	100	135	25	1,5	150	38	2	170	55	2,5	210	85	4	85	67	15	1,5	85	97	21	1,5	80	150	33	2
—	—	—	—	—	—	—	—	—	—	—	—	—	—	—	—	—	—	—	—	—	—	—	—	—	—
22	110	145	25	1,5	160	38	2	190	63	3	230	95	4	95	67	15	1,5	95	110	24	1,5	90	166	37	2
24	120	155	25	1,5	170	39	2	210	70	3,5	250	102	5	100	68	15	2	100	123	27	2	95	177	40	2,5
26	130	170	30	1,5	190	45	2,5	225	75	3,5	270	110	5	110	80	18	2	110	130	30	2	100	192	42	3
28	140	180	31	1,5	200	46	2,5	240	80	3,5	280	112	5	120	81	18	2	120	140	31	2	110	196	44	3
30	150	190	31	1,5	215	50	2,5	250	80	3,5	300	120	5	130	89	20	2	130	140	31	2	120	209	46	3
32	160	200	31	1,5	225	51	2,5	270	87	4	320	130	6	140	90	20	2	140	153	33	2	130	226	50	3
34	170	215	34	2	240	55	2,5	280	87	4	340	135	6	150	97	21	2	150	153	33	2	135	236	50	3,5
36	180	225	34	2	250	56	2,5	300	95	4	360	140	6	150	98	21	3	150	165	37	3	140	245	52	4
38	190	240	37	2	270	62	3	320	105	5	380	150	6	160	109	24	3	160	183	40	3	—	—	—	—
40	200	250	37	2	280	62	3	340	110	5	400	155	6	170	109	24	3	170	192	42	3	—	—	—	—
44	220	270	37	2	300	63	3	—	—	—	420	160	8	190	110	24	3	—	—	—	—	—	—	—	—
48	240	300	45	2,5	340	78	3,5	—	—	—	440	160	8	—	—	—	—	—	—	—	—	—	—	—	—
52	260	320	45	2,5	360	79	3,5	—	—	—	480	175	8	—	—	—	—	—	—	—	—	—	—	—	—
56	280	350	53	2,5	380	80	3,5	—	—	—	520	190	8	—	—	—	—	—	—	—	—	—	—	—	—
60	300	380	62	3	420	95	4	—	—	—	540	190	8	—	—	—	—	—	—	—	—	—	—	—	—
64	320	400	63	3	440	95	4	—	—	—	580	205	10	—	—	—	—	—	—	—	—	—	—	—	—
68	340	420	64	3	460	96	4	—	—	—	620	220	10	—	—	—	—	—	—	—	—	—	—	—	—
72	360	440	65	3	500	110	5	—	—	—	640	220	10	—	—	—	—	—	—	—	—	—	—	—	—
—	—	—	—	—	—	—	—	—	—	—	—	—	—	—	—	—	—	—	—	—	—	—	—	—	—
—	—	—	—	—	—	—	—	—	—	—	—	—	—	—	—	—	—	—	—	—	—	—	—	—	—
—	—	—	—	—	—	—	—	—	—	—	—	—	—	—	—	—	—	—	—	—	—	—	—	—	—
—	—	—	—	—	—																	—	—	—	—
—	—	—	—	—	—																	—	—	—	—

Für alle Reihen mit flachen Scheiben ist $d_3 \geq d + 0,2$ mm

Die Spalten für „D" und „r" gelten auch für die Reihen 522, 523, 524